BIM应用系列教程

BIM全过程
项目综合应用

朱溢镕　谭大璐　焦明明　主编

化学工业出版社
·北京·

《BIM 全过程项目综合应用》是基于 BIM 技术在建设项目全过程的应用工程实例实操教程，采用理论实践一体化的模式设计。理论部分围绕项目建议书、可行性研究、设计任务书、建筑设计、结构设计、BIM 招标与投标、BIM 项目管理、竣工验收及运维管理等阶段的知识进行精讲，案例实战部分以情景任务化模式展开，每个情景结合实例工程案例，围绕项目业务展开 BIM 应用实战演练。重点讲解如何运用 BIM 技术进行建筑设计、结构设计、BIM 招投标编制、BIM 项目管理等应用。

　　本书可以作为高等院校建筑类相关专业 BIM 综合应用的教材，也可以作为广大 BIM 工程师 BIM 入门学习的教材，还可以作为建设、施工、设计、监理、咨询等单位培养 BIM 人才的专业教材，以及 BIM 等级考试机构的培训专业授课教材。

图书在版编目（CIP）数据

BIM 全过程项目综合应用 / 朱溢镕，谭大璐，焦明明
主编 . —北京：化学工业出版社，2020.6
BIM 应用系列教程
ISBN 978-7-122-36378-7

Ⅰ . ① B… 　Ⅱ . ①朱…②谭…③焦… 　Ⅲ . ①建筑设计—计算机辅助设计—应用软件—教材 　Ⅳ . ① TU201.4

中国版本图书馆 CIP 数据核字（2020）第 039772 号

责任编辑：吕佳丽　　　　　　　　　　　　　文字编辑：邢启壮
责任校对：宋　玮　　　　　　　　　　　　　装帧设计：王晓宇

出版发行：化学工业出版社（北京市东城区青年湖南街 13 号　邮政编码 100011）
印　　装：高教社（天津）印务有限公司
787mm×1092 mm　1/16　印张 11½　字数 264 千字　2020 年 6 月北京第 1 版第 1 次印刷

购书咨询：010-64518888　　　　　　　　　售后服务：010-64518899
网　　址：http://www.cip.com.cn
凡购买本书，如有缺损质量问题，本社销售中心负责调换。

定　　价：39.00 元

编审委员会名单

黄亚斌　北京柏慕进业工程咨询
李　刚　香港互联立方
郭淑婷　北京采薇君华
柴润照　河南一砖一瓦
温艳芳　山西工业职业技术学院
杨文生　北京交通职业技术学院
黄丽华　浙江广厦职业技术学院
阎俊爱　山西财经大学
何关培　广州优比咨询
梁奉鲁　小筑教育
布宁辉　广联达工程教育
王全杰　广联达工程教育
朱溢镕　广联达工程教育
吕春兰　广联达 BIM 造价
石知康　杭州宾谷教育科技
周晓奉　北京睿格致科技
张树坤　北京展视网科技（AR）

编写人员名单

主　编　朱溢镕　广联达工程教育
　　　　谭大璐　四川大学
　　　　焦明明　广联达工程院
副主编　王全杰　广联达工程教育
　　　　王丽芸　河北环境工程学院
　　　　陈家志　广联达工程教育
参　编（排名不分先后）
　　　　张文龙　中国铁建 BIM 中心
　　　　张艳丽　河北建筑工程学院
　　　　杨　帆　中央财经大学
　　　　李　宁　北京经济管理职业学院
　　　　吴文勇　深圳市广厦科技有限公司
　　　　张永峰　广东创新科技职业学院
　　　　赵伟卓　江西理工大学应用科学学院
　　　　兰　丽　北京财贸职业学院
　　　　张俊玲　天津市职业大学
　　　　冯　伟　北京经济管理学院
　　　　殷许鹏　河南城建学院
　　　　贺成龙　嘉兴学院
　　　　韩风毅　长春工程学院
　　　　李东浩　郑州铁路职业技术学院
　　　　汤　辉　北京交通职业技术学院
　　　　瞿丹英　上海济光职业技术学院
　　　　李　侠　西安财经大学
　　　　张梅萍　上海市建筑工程学校
　　　　高艳华　北京城市学院
　　　　李　茜　四川大学锦城学院

曹红梅　太原城市职业技术学院
张春燕　山西省建筑工程技术学校
郭庆阳　山西建筑职业技术学院
于周平　绍兴文理学院元培学院
刘　冲　四川现代职业技术学院
刘晓周　成都农业科技职业学院
黄群艺　西南交通大学
刘桂宏　四川大学锦城学院
杨　敏　成都职业技术学院
徐群利　四川天一学院
赖　笑　成都理工大学工程技术学院
王锡琴　成都大学
樊　娟　黄河建工集团有限公司
刘俊茹　西安思源学院
胡振博　广联达工程教育
王晓倩　广联达工程教育
李思康　广联达工程教育

前　言

当前，中国建筑业正处在转型发展的关键阶段，数字技术助推我国建筑业转型升级。《2016—2020年建筑业信息化发展纲要》旨在增强建筑业信息化发展能力，优化建筑业信息化发展环境，加快推动信息技术与建筑业发展深度融合。《纲要》提出：在"十三五"时期，我国要全面提升建筑业信息化水平，着力增强BIM、大数据、智能化、移动通信、云计算、物联网等信息技术的集成应用能力。

随着我国BIM技术的快速发展，BIM技术应用已进入BIM3.0时代。BIM技术应用从传统建模设计逐步提升至模型深度应用，以施工阶段BIM应用为核心，从施工技术管理应用向施工全面管理应用拓展，从项目现场管理向施工企业经营管理延伸，从施工阶段应用向建筑全生命周期辐射。BIM3.0时代下，BIM技术与项目管理的结合应用迸发出了巨大的力量。为了帮助读者更好地理解、掌握BIM技术在全过程项目管理中的应用，我们基于项目管理业务逻辑，以BIM3.0时代下BIM全过程项目综合应用为主线，依托于实际项目案例，围绕建设项目全过程业务理论与BIM技能实操应用，编写了本书，以推动其技术落地应用。

《BIM全过程项目综合应用》以企业典型的全过程项目管理理论业务为主线，依托专用宿舍楼案例工程进行BIM全过程应用。通过理论实践一体化课程设计，将工程项目实际场景与教学场景相结合，打造基于全过程业务线、案例线、任务驱动线三线贯穿模式，落地BIM技术在项目全过程中的综合应用。业务线上，基于建设工程项目围绕项目建议书、可行性研究、设计任务书、建筑设计、结构设计、BIM招标与投标、BIM项目管理、竣工验收及运维管理全过程管理展开理论知识解析；案例线上，围绕专用宿舍楼案例工程全过程BIM应用，结合业务线设计各阶段的案例情景模式，基于全过程案例BIM实操场景，将理论业务分析与项目BIM技能实操通过案例深度融合；任务驱动线上，基于业务线及案例线的综合情景模式，结合工程实例展开BIM实战任务设计，通过任务引导，分析，借助配套的信息化的平台及资源辅助，最终完成实战任务结果，达成学习目标。

通过系统体系化设计，围绕建筑项目全过程综合应用，将实际工程项目管理及BIM应用场景搬入课堂，为学生提供高仿真的建筑工程企业工作环境、业务流程、业务数据，让学生通过实际项目任务驱动，角色扮演等方式展开技能实操，在实践中理解企业生产经营活动，各阶段、各部门、各岗位之间的业务逻辑关系，掌握各阶段基于BIM信息化的基本实践技能，熟悉各阶段应用之间的业务及技能，并在此过程中提升学生的信息化项目综合管理能力以及协调、组织、沟通等综合职业素养。

本书适用范围：第一，可以作为广大BIM工程师BIM入门学习的教材；第二，可以作为建设、施工、设计、监理、咨询等单位培养自己企业BIM人才的专业教材；第三，可以作为高等院校建筑类相关专业BIM综合应用的教材；第四，可以作为BIM等级考试机构的培训专业授课教材。

本书为 BIM 应用系列教程中基于 BIM 综合应用实战教材。教材将信息化手段融入传统的理论教学，如借助仿真技术、VR&AR 技术及 4D 微课等新型技术手段与教材专业知识有机结合，通过任务驱动及配套案例电子资源，教学中可采取翻转课堂模式展开。其中，围绕复杂知识节点仿真展示、AR 图纸、4D 微课辅助教学等形式贯穿日常学习，从而提升学生的学习兴趣，降低老师的教学难度，提高学习效果。

为保障学习效果，本书提供以下配套增值服务：读者可至 www.cipedu.com.cn 注册，输入本书书名，查询范围选择"课件"，免费下载配套资源。也可加入 QQ 答疑学习群：722651889（加群备注：BIM 图书）。本群开展匹配的在线直播课程，帮助读者在熟悉全过程 BIM 应用的基础上，锻炼实操技能，做到学练结合。

我们希望搭建该平台为广大读者就 BIM 技术项目落地应用、BIM 系列教程优化改革创新、BIM 高校教学信息化创新等展开交流合作。

本书配套图纸为《 BIM 算量一图一练》，读者可以单独购买，或至上述网址下载。本书的二维码资源由广联达科技股份有限公司提供相关技术支持，读者可以扫描识别，自主学习。

由于笔者水平有限，书中难免有不足之处，恳请广大读者批评指正，以便及时修订与完善。

笔者
2020 年 2 月

目　录

第1章

走进 BIM 全过程项目综合应用

 学习目标

1. 了解项目 BIM 的现状
2. 了解项目 BIM 的价值
3. 了解项目 BIM 的特征
4. 了解项目全过程概念
5. 了解项目 BIM 一体化

1.1 BIM 的行业现状

建筑信息模型（Building Information Modeling，BIM）技术的应用在全球 AEC/FM（建筑、工程、施工以及设施管理）产业中已受到许多国家政府的重视，因为 BIM 的应用不仅可在工程生命周期各阶段带来效益，在竣工后的运营维护阶段，更是带来许多利益。

BIM 是近十多年中出现的影响最大、最为热点的内容之一。对于 BIM 技术，各国政府和专业协会、学会都在积极出台相关政策并实施规划，促进 BIM 的使用。美国总务管理局（GSA）自 2003 年起实施国家 3D-4D-BIM 项目，自 2007 年起便要求其所属的所有联邦建设项目均采用 BIM 技术。韩国则于 2010 年实施了公共采购服务项目，在 2016 年所有政府投资的项目强制使用 BIM 技术。

我国政府则把对 BIM 的支持和引导列入"十二五"、"十三五"规划当中，首部国家 BIM 标准《建筑信息模型应用统一标准》（GB/T 51212—2016）已经在住房和城乡建设部批准下于 2017 年 7 月 1 日起正式实施。我国 BIM 应用发展至今，通过不断研发、试点示范、应用和推广，其作用和价值已经得到行业普遍认可，应用环境已初步成熟，普及应用条件已经基本具备。在任何领域，市场和技术趋向更好地反映了其未来的发展趋势，因而工程建设领域业主将会越来越多地提出运用 BIM 的要求，并通过改变合同条件来实现 BIM 的应用。

1.2　BIM 技术的概念

1975 年，被誉为"BIM 之父"的美国佐治亚理工大学的查克·伊士曼教授提出了 BIM 的设想，预言未来将会出现可以对建筑物进行智能模拟的计算机系统（building description system）。1986 年，美国学者罗伯特·爱什提出了 building modeling 的概念，这一概念与现在业内广泛接受的 BIM 概念非常接近，其包括三维特征、自动化的图纸创建功能、智能化的参数构件、关系型数据库等，不久后，building information modeling 的概念就被提出。但受到当时计算机软硬件水平的影响，BIM 思想仅停留在学术研究范畴。2002 年以后，得益于软件开发企业的大力推广，很多业内人士开始关注并研究 BIM。现在，与 BIM 相关的软件、互操作标准都得到了快速发展，Autodesk、Bentley、Graphisoft 等全球知名的建筑软件开发企业纷纷推出了自己的产品。BIM 技术的定义，不同机构有不同的理解方式。

美国国家建筑信息模型标准 NBIMS（NBIS2008）中对 BIM 进行了如下定义：建筑信息模型是对设施的物理特征和功能特征的数字化表示，它可以作为信息的共享源，从项目的初期阶段开始为项目提供全寿命周期的信息服务，这种信息的共享可以为项目决策提供可靠的保证。这一定义是目前对 BIM 较为权威的阐释，得到了广泛的认可。

而美国的佐治亚理工学院的查克·伊士曼教授与另外三位 BIM 专家在 2008 年出版的 BIM Handbook 中对 BIM 进行定义：building information model 是对建筑设施的数字化、智能化表示；building information modeling 是应用这种模型进行建筑性能模拟、规划、施工、运营的活动，建筑信息模型不是一个对象，而是一种活动。

building information model 和 building information modeling 的缩写都是 BIM，但却有着不同的含义，前者是一个静态的概念，而后者是一个动态的概念。building 表示的是 BIM 的行业属性，BIM 的服务对象是建筑业；information 是 BIM 的灵魂，BIM 的核心是在不同的阶段为不同的组织提供与建筑产品相关的信息，包括几何信息、物理信息、工程信息、价格信息等；model 是 BIM 的信息创建和存储形式，传统的建筑信息有图纸、文件、表格等，而 BIM 中的信息是以模型的形式创建和存储的，这个模型具有三维、数字化、面向对象等特征。建筑物的方案、设计、施工、交付是一个过程，building information model 的应用也是一个过程，应用模型来进行设计、施工、运营、管理的过程可以被认为是 building information modeling。随着建设过程的推进，building information model 中的信息也在不断地被补充和完善。

BIM 是以三维信息数字模型作为基础，集成了项目从设计、施工、建造到后期运营维护的所有相关信息，能使设计人员和工程技术人员对各种建筑信息做出正确的应对，并为协同工作提供坚实的基础；同时能使建筑工程在全生命周期的建设中有效地提高效率并大量减少成本。

BIM 中最重要的不是 3D 模型，而是其中有序、可靠、及时的信息，信息（内容）的创建、共享、应用和管理是 BIM 发挥其功能和价值的基础。

随着 BIM 理论的不断发展，广义的 BIM 已经超越了最初的产品模型的界限，正被认同为是一种应用模型来进行建设和管理的思想方法，这种新的思想和方法将引发整个建筑生产过程的变革。

1.3　BIM 的特征

1.3.1　可视化

（1）设计可视化。设计可视化即在设计阶段建筑及构件以三维方式直观呈现出来。设计师能够运用三维思考方式有效地完成建筑和结构设计，同时也让业主真正摆脱了技术壁垒限制，随时可直接获取项目信息，方便业主与设计师间的交流。

（2）施工可视化。施工可视化包括施工组织可视化和复杂构造节点可视化。

施工组织可视化即利用 BIM 工具创建建筑设备模型、周转材料模型、临时设施模型等，以模拟施工过程，确定施工方案，进行施工组织。可以在电脑中进行虚拟施工，使施工组织可视化。

复杂构造节点可视化即利用 BIM 的可视化特征，可以将复杂的构造节点全方位呈现，如复杂的钢筋节点、幕墙节点等，还可以做成动态视频，有利于施工和技术交底。

（3）设备可操作性可视化。设备可操作性可视化即利用 BIM 技术对建筑设备空间是否合理进行提前检验。如某项目生活给水机房，先构建其 BIM 模型，通过该模型可以制作多种设备安装动画，不断调整，从中找出最佳的设备房安装位置和工序。

（4）机电管线碰撞检查可视化。机电管线碰撞检查可视化即通过将各专业模型组装为一个整体 BIM 模型，从而使机电管线与建筑物的碰撞点以三维方式直观显示出来。然后由各专业人员在模型中调整好碰撞点或不合理处后再进行图纸优化，以避免返工和变更的发生。

1.3.2　一体化

一体化指基于 BIM 技术进行从设计到施工再到运营阶段贯穿了工程项目全生命周期的一体化管理。BIM 技术的核心是一个由计算机三维模型所形成的数据库，不仅包含了建筑师的设计信息，而且容纳从设计到建成使用，甚至是使用周期终结的全过程信息。BIM 在整个建筑行业从上游到下游的各个企业间不断完善模型信息，从而实现项目全生命周期的信息化管理。

在设计阶段，BIM 使建筑、结构、给水排水、暖通、电气等各个专业基于同一个模型进行工作，从而实现真正意义上的三维集成协同设计。在施工阶段，BIM 可以同步提供有关建筑质量、进度以及成本的信息，利用 BIM 可以实现整个施工周期的可视化模拟与可视化管理。BIM 还能在运营管理阶段提高收益和成本管理水平，为开发商销售招商和业主购房、设施管理提供极大的便利。

总之，BIM 技术对于工程建设领域的各个环节，都将产生深远影响，BIM 技术改变了工程项目信息的内容、表达方式及使用方式，其不是对现有行业技术进行简单改进修补式的局部创新，而是突破性创新。

1.3.3　参数化

BIM 的主要技术是参数化建模技术。参数化建模指的是通过参数（变更）而不是数字建立和分析模型，操作的对象由点、线、圆等几何图形变成了墙、梁、板、柱、门、窗等建筑构件，将设计模型（几何形状与数据）与行为模型（变更管理）有效结合起来，在屏幕上建立和修改的不再是一堆没有建立起关联关系的点和线，而是一个个建筑构件组成的建筑物整体。

1.3.4 仿真性

（1）建筑物性能分析仿真。即基于 BIM 技术建筑师在设计过程中赋予所创建的虚拟建筑模型大量建筑信息（几何信息、材料性能、构件属性等），然后将 BIM 模型导入相关性能分析软件，就可得到相应分析结果。性能分析主要包括能耗分析、光照分析、设备分析、绿色分析等。

（2）施工仿真。包括施工方案模拟、优化，工程量自动计算，消除现场施工过程干扰或施工工艺冲突等。

（3）施工进度仿真。即通过将 BIM 与施工进度计划相链接，把空间信息与时间信息整合在一个可视的 nD 模型中，直观、精确地反映整个施工过程。

（4）运维仿真。运维仿真包括能源运行管理、建筑空间管理等。

1.3.5 协调性

基于 BIM 的协调性工程管理，如设计协调、整体进度规划协调、成本预算和工程量估算协调、运维协调等，可将事后出现的问题做到事前控制，有助于工程各参与方进行组织协调工作。通过 BIM 建筑信息模型可在建筑物建造前期对各专业的问题进行协调，生成并提供协调数据，并能在模型中生成解决方案，为提升管理效率提供了极大的便利。

1.3.6 可出图性

BIM 的可出图性主要是基于 BIM 应用软件，可实现建筑设计阶段或施工阶段所需图纸的输出，还可以通过对建筑物进行可视化展示、协调、模拟、优化，根据项目需要输出以下图纸：建筑平、立、剖及详图、经过碰撞检查和设计修改后的管线图、碰撞报告及结构加工图等。

1.4 项目全生命周期

1.4.1 项目全生命周期的概念

项目全生命周期认为项目是一项具有起点、中间过程和终点的独特活动。项目全生命周期包括的阶段如图 1-1 所示。

图 1-1　项目全生命周期示意图

1.4.2 工程项目全生命周期

美国标准和技术研究院（NIST-National Institute of Standards and Technology）根据工程项目信息使用的有关资料把项目的生命周期划分为如下 6 个阶段：规划和计划阶段、设计阶段、施工阶段、项目交付和试运行阶段、项目运营和维护阶段、清理阶段。

　　工程项目全生命周期是指从前期规划、设计、施工、运营与维护直到拆除与处理的全过程。按我国传统的基本建设程序,工程项目全生命周期包括的各阶段如图 1-2 所示。

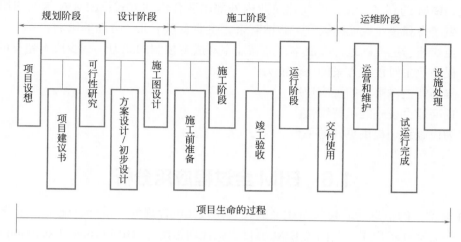

图 1-2　工程项目全生命周期示意图

1.5　BIM 对项目全过程的影响

1.5.1　BIM 对项目规划阶段的影响

　　在前期规划阶段,BIM 技术不但能够帮助业主做出收益最大化的工作,还能在技术和经济可行性分析方面提供帮助。BIM 技术的参数化模型,针对项目方案进行分析、模拟,从而为整个项目的建设降低成本、缩短工期、保证并提高质量。

1.5.2　BIM 对设计阶段的影响

　　在项目设计阶段,可视化的三维设计让建筑师们解决了复杂节点难以表达的难题,能够深刻地对复杂三维形态的可实施性进行拓展,而且能够让业主打破技术壁垒,随时了解到自己投资能收到什么样的成果。

1.5.3　BIM 对施工阶段的影响

　　在项目的施工阶段,BIM 技术模型将反映完整的项目设计情况,模型中的构件模型能够与施工现场实际的真实构件一一对应,能够及时发现施工现场出现的"错、漏、碰、缺"的设计和施工失误,从而达到提高质量、减少现场变更,最终实现缩短工期、降低成本的预期目标。

1.5.4　BIM 对运维阶段的影响

　　运维阶段是项目全生命周期中时间跨度最大的一个阶段,在建筑物平均长达 50～70 年的运维周期内,BIM 技术的应用将起到非常重要的作用。前面各阶段形成的 BIM 参数化模型，将作为各种设施管理的数据库为系统的维护提供依据。在各类设施维护中，BIM 模型可以充分发挥数据记录和空间定位的优势，通过结合运营维护管理系统，制定合理的维护计划，做好各项维护工作，从而使建筑物及各类设施在使用过程中正常运转、更好地为人们服务。

总之，BIM 的到来，正在改变建筑业内外部团队合作的方式；BIM 技术的应用，带来了建筑业生产力和企业效能的提升。归纳起来，主要有以下几个方面的影响：

（1）更快速、更准确地计算成本，加强业主对成本控制的能力，减少成本超支的风险。

（2）提高业主对设计方案的评估能力。

（3）提高业主对市场的反应速度。

（4）提高建设设施的可持续性。

（5）为设施管理提供更好的平台。

1.6 BIM 全过程应用分析

BIM 模型中的信息随着建筑全生命周期各阶段（包含规划、设计、施工、运营等阶段）的展开，将会被逐步积累。美国《BIM 项目实施计划指南》（BIM Project Execution Planning Guide）对美国 2010 年建筑市场 BIM 技术的常见应用进行了调查、研究、分析、归纳和分类，得出了 BIM 技术的 25 种常见应用，如图 1-3 所示。

BIM 功能应用按照工程项目策划、设计、施工到运营的各阶段排序，范围较为宏观、概括，但 BIM 团队可根据工程项目的实际情况从中选择计划实施的 BIM 应用。

美国教授 Salman Azhar、Michael Hein 等指出 BIM 模型是由包含建筑物的所有相关信息的一系列"SMART 对象"所组成，可用于可视化和参数化设计、图纸复核、法规分析、成本估计、建造模拟、界面和碰撞检测等方面。

国际上几个主要应用 BIM 技术的国家和地区 BIM 开展情况如下所示。

美国 GSA 自 2003 年起实施国家 3D-4D-BIM 项目，自 2007 年起便要求其所属的所有联邦建设项目均采用 BIM 技术；自 2009 年开始，威斯康辛州和德克萨斯州政府亦开始在州属建设项目中强制要求采用 BIM 技术；加拿大 BIM 委员会于 2011 年考虑将美国 BIM 标准（National BIM Standard）引入加拿大建筑业；英国于 2011 年 6 月发布 BIM 应用规划，力图在 5 年内所有公共项目应用 BIM 技术；日本 1996 年制定"建设 CALS/EC"计划，要求2010 年前在所有公共建设项目中实现信息化；芬兰近年来的 TEKES 大量研究项目，包括VERA、ROADCON、SARA、STRAT-CON 等，均应用 BIM 技术，这也标志着其 BIM 应用处于全球领先水平；韩国于 2010 年实施了"公共采购服务"项目，计划在 2016 年所有公共建设项目采用 BIM 技术；新加坡 1996 年就实施 CORNET 计划，对 BIM 应用提出强制性要求。

我国 BIM 应用也有较大的提升，以北京新机场工程中的应用为例进行介绍。

（1）项目基本信息：北京新机场航站区工程项目，以航站楼为核心，由多个配套项目共同组成的大型建筑综合体，如图 1-4 所示。总建筑面积约 143 万平方米，属于国家重点工程。其中，航站楼及换乘中心核心区工程建筑面积约 60 万平方米，为现浇钢筋混凝土框架结构。结构超长超大，造型变化多样，施工人员众多，对施工技术与管理的要求较高，需引进新技术协助项目施工。

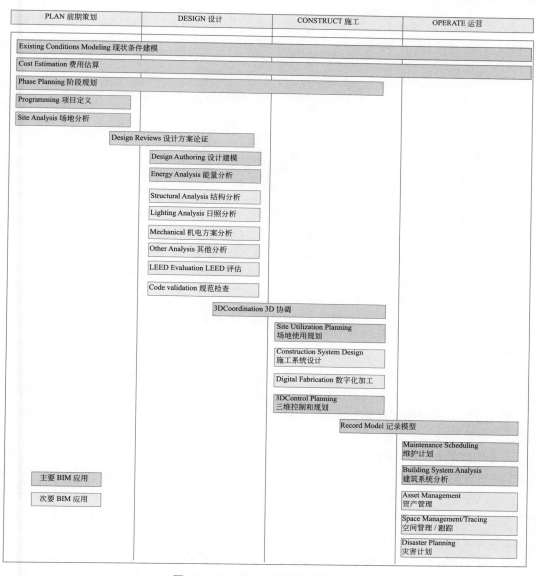

图 1-3　BIM 的 25 种常见功能应用

图 1-4　北京新机场航站区工程项目

（2）项目应用内容：本工程在项目管理、方案模拟、商务管理、动态管理、预制加工和深化设计等方面应用了 BIM 技术，如图 1-5 所示。

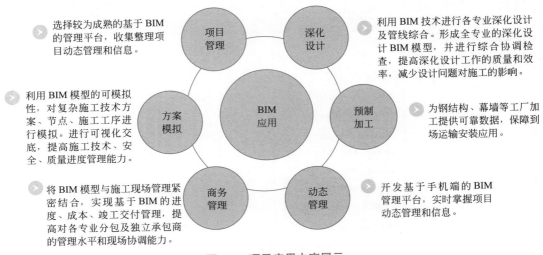

选择较为成熟的基于 BIM 的管理平台，收集整理项目动态管理和信息。

利用 BIM 技术进行各专业深化设计及管线综合。形成全专业的深化设计 BIM 模型，并进行综合协调检查，提高深化设计工作的质量和效率，减少设计问题对施工的影响。

利用 BIM 模型的可模拟性，对复杂施工技术方案、节点、施工工序进行模拟。进行可视化交底，提高施工技术、安全、质量进度管理能力。

为钢结构、幕墙等工厂加工提供可靠数据，保障到场运输安装应用。

将 BIM 模型与施工现场管理紧密结合，实现基于 BIM 的进度、成本、竣工交付管理，提高对各专业分包及独立承包商的管理水平和现场协调能力。

开发基于手机端的 BIM 管理平台，实时掌握项目动态管理和信息。

图 1-5　项目应用内容展示

（3）项目应用效果

1）利用 BIM 技术对超大超长结构工程临时运输钢栈道进行建模、方案布置模拟及方案比选，快速高效地解决了钢栈道的结构设计、使用方式、位置选择等技术难点，解决了深槽区无法用塔吊进行物料运输的难题，最终优化设计，节约材料，降低投资费用，保证物料运输的高效完成。

2）利用 BIM 技术对隔震支座进行建模，并对近 20 道施工工序进行模拟，更加直观地检验工序设置的科学性和合理性，缩短技术交底的时间，保证施工工序统一性和施工质量。

3）在钢结构工程中，利用 BIM 技术进行施工方案模拟，并将 BIM 技术与三维扫描、物联网相结合，解决了钢结构施工部署和技术方案的确定、物料加工情况的跟踪及到场安装进度的实时检查等技术难题，提高了钢结构工程管控的精细化程度和管理效能。

4）利用 BIM 技术进行机电系统深化设计，并通过创建各类族文件，实现二次洞口标注自动生成，使二次结构洞口标注工作量减少 80% 以上；利用 Revit 软件直接出图，使出图时间缩短 70% 以上；在正式施工前，发现机电专业图纸问题及管线碰撞，现场等待技术问题解决的时间缩短 60% 以上；通过合理化管线排布，提高机电专业施工效率达 10% ～ 15%。

5）利用 BIM5D 管理平台，对项目的技术、进度、质量、安全进行管理，将管理信息传递效率提高 15% ～ 20%，决策效率提升 10% 以上；通过 BIM5D 平台基于模型直接生成标准化物资提取单，打印后由物资人员直接签字确认即可生效，减少物资人员手动填写表格的工作量，物资提料所用时间减少 15% ～ 20%。

6）明确数据使用需求。在创建模型之前，首先明确模型数据使用需求，并根据需求建立模型创建标准，以保证模型一次创建完成而不进行二次修改或重建。

7）利用好 Revit 族文件。通过将各类洞口、标注、图框和目录制作成参数化的族，可以大大减少出图的重复性操作和人为错误的发生，并且提高出图文件的标准化、统一化程度。通过视图样板文件和共享参数的建立和传递，可以提高多方协同作业的效率，并保证其标准的一致性，在由众多参与方进行协同工作的深化设计中，可以发挥出 BIM 技术在协同方面的更大价值。

1.7　BIM 发展趋势展望

在任何领域中，市场和技术趋向更好地反映了其未来的发展趋势，BIM 技术也不例外。业主开始逐渐提出运用 BIM 的要求，并通过改变合同条件来实现 BIM 的应用。

1.7.1　BIM 应用对于项目实施过程的影响

（1）BIM 4D 工具将成为施工管理的技术手段。

（2）工程人员组织结构与工作模式将发生变革。

（3）一体化协作模式的优势得到认同。

（4）BIM 技术将更多地服务于绿色建筑。

1.7.2　BIM 技术的发展趋势

（1）BIM 模型将能够自动检测是否符合规范并自动检测是否具备可施工性。

（2）制造商将顺应发展趋势启用 3D 产品目录。

（3）未来将会有多维（nD）项目管理模式。

（4）未来将实现预制加工工业化与全球化。

（5）BIM 参数模型将与 GIS 系统和 LaserScan 大数据等技术相结合。

1.8　高校 T 型人才培养

所谓高校 T 型人才培养，简言之就是高等院校要培养一专多能的复合型人才。这样的人才，要既有专业深度，又有思维广度，能够跨界思考和探索；既能够在一个点上专注、投入其中，同时又能够对外部世界保持开放的心态，接纳不同的视角；既能够对问题做根源思考，又能够从系统的角度做整合解决方案设计。

BIM 虽然实现了全生命周期的应用，但 BIM 全生命周期的应用仍存在一定局限，但是随着技术的发展、BIM 应用的普及和规范化，BIM 真正实现全生命周期的步伐将越来越近。

第2章

项目建议书

学习目标

1. 了解项目建议书的定义、作用
2. 了解项目建议书包含的内容

2.1 项目建议书知识精讲

2.1.1 项目建议书的定义

项目建议书是由项目筹建单位或项目法人根据国民经济的发展、国家和地方中长期规划、产业政策、生产力布局、国内外市场、所在地的内外部条件，就某一具体新建、扩建项目提出的项目建议文件，是对拟建项目提出的框架性的总体设想。它要从宏观上论述项目设立的必要性和可能性，把项目投资的设想变为概略的投资建议。

2.1.2 项目建议书编制单位

项目建议书是由项目投资方向其主管部门上报的文件，目前广泛应用于项目的国家立项审批工作中。它要从宏观上论述项目设立的必要性和可能性，把项目投资的设想变为概略的投资建议。项目建议书的呈报可以供项目审批机关作出初步决策。它可以减少项目选择的盲目性，为下一步可行性研究打下基础。

2.1.3 项目建议书包含内容

项目建议书核心内容包括：项目建设规模、项目建设标准、项目建设地点、工程技术方案四个方面。

（1）项目建设规模：项目建设规模是指拟建项目需要建多大。如建一座水泥厂，是要建成年产 100 万吨还是 200 万吨；建一个五星级宾馆，是计划有 300 间客房还是有 500 间客房；建一个居民小区，是计划居民小区将来居住 1000 户还是居住 2000 户。从投资总量上看，建设规模越大投资越多，如建一座年产 200 万吨水泥厂的投资显然大于年产 100 万吨水泥厂的投资。但从投资效果上讲，是需要比较单位投资额的，如水泥厂需要比较生产每万吨水泥的投资额。

一般说来，单位投资额是随着建设规模的扩大而逐渐减少的，如水泥厂的建设规模从年产 100 万吨增加到年产 200 万吨，产量增加了一倍，但建设投资额的增加往往小于一倍，这是由大规模生产与小规模生产在基础设施的投资上相差很小所导致的，这种现象在经济学上称为规模效益递增。

这是不是说建设规模越大就越好呢？实践证明生产规模过大，超过了项目的产品市场需求量，反而会导致开工不足、产品积压或降价销售，致使项目经济效益下降，从而出现规模效益递减的情况。

合理确定项目建设规模，不仅要考虑项目内部各因素间的数量匹配、能力协调，还要使所有生产力因素共同形成的经济实体在规模上大小适应，以合理确定和有效控制工程造价。

（2）项目建设标准：项目建设标准是指项目在建设中所需达到的规格程度。如一座宾馆的外墙装修是采用贴瓷砖，还是采用大理石墙面或做玻璃幕墙。不同的建设规格标准，显然会使工程造价具有较大差别。

建设标准水平定得过高，会脱离我国的实际情况和财力、物力的承受能力，增加造价；建设标准水平定得过低，将会妨碍技术进步，影响国民经济的发展和人民生产的改善。因此，建设标准水平应从我国目前的经济发展水平出发，区别不同地区、不同规模、不同等级、不同功能，合理确定。对于我国的大多数工业交通项目应采用中等适用标准，对少数引进国外先进技术和设备的项目或少数有特殊要求的项目，标准可适当高些。在建筑方面，应坚持经济、适用、安全的原则。建设项目标准中的各项规定，能定量的应尽量给出指标，不能规定指标的要有定性的原则要求。

（3）项目建设地点：项目建设地点是指将项目建在哪里，如一个房地产开发商是打算将房子建在市中心还是建在市郊。市中心的地价显然高于市郊的地价，因此在建设投资上会有很大的差距。

项目建设地点的选择将从两个方面影响造价，一是项目建设期的投资，二是在项目建成后的使用，如工业项目如果建设得离原材料或产品消费地过远，尽管在建设过程投资可能很低，但在将来的项目生产使用中却需长期的远距离运输而耗费大量的资金。在建设地点选择上，要综合考虑以下两方面内容。

1）项目投资费用。包括土地征购费、拆迁补偿费、土石方工程费、运输设施费、排水及污水处理设施费、动力设施费、生活设施费、临时设施费、建材运输费等。

2）项目建成后的使用费。如工业项目中的原材料及燃料运入费、产品的运出费、给排水及污水处理费、动力供应费等。

（4）工程技术方案：工程技术方案对工程造价的影响主要表现在工业项目中，包括生产工艺方案的确定与主要设备的选择两部分。

生产工艺是生产产品所采用的工艺流程和制作方法。工艺流程指投入物（原材料或半成品）经过有次序的生产加工，成为产出物（产品或加工品）的过程。工艺先进会带来产品质量与生产成本上的优势，但却需要高额的前期投资。我国目前评价拟采用的工艺是否可行主要采取两项指标：先进适用、经济合理。

设备投资在工业项目的总投资中往往占的比重极大。在设备选用中主要应处理好以下几个问题。

1）尽量选用国有设备。

2）注意进口设备之间以及国内外设备之间的衔接配套。

3）注意进口设备与原有国有设备、厂房间的配套。

4）注意进口设备与原材料、备品备件及维修能力间的配套。

2.2　案例展示

本节将以扬中惠众住宅小区项目为案例，展示项目建议书中包含的内容，帮助读者更好地理解项目建议书的精髓。并以扬中惠众项目房地产开发建设项目建议书为例，展示项目建设书相关内容。

2.2.1　项目概况

（1）项目名称、项目单位、负责人等

1）项目名称　扬中惠众住宅小区项目

2）项目建设单位

3）项目法人代表

4）项目技术负责人

5）建设性质　新建

6）项目建设地址　扬中市大众村

7）项目总投资规模　100000万元

（2）项目背景、依据及其建设的必要性

1）项目背景：扬中惠众住宅小区开发项目，经扬中市发改委发改投〔2013〕110号文批准给某某有限公司作为房地产开发项目。2013年9月18日由扬中市国土局主持挂牌出让，某某有限公司接牌获得该小区开发使用权。某某有限公司于2013年10月委托某某建筑设计工程咨询有限公司（甲级），对该项目的开发、规划、结构、布局、控制指标、基础设施等进行了总体设计，并于2013年11月经规划设计评审委员会专家评审通过。

2）项目编制依据

①《城市居住区规划设计规范》

②《扬中市总体规划》

③《城市居住区公共服务设施设置规定》

④《住宅设计规划》

⑤《住宅建筑设计标准》

⑥《建筑工程交通设计及停车场设置标准》

⑦《城市道路绿化规划及设计规范》

⑧《惠众住宅小区项目设计招标书》

⑨《惠众住宅小区地块地形图》

3）项目建设的必要性

①宏观政策的指导。2013 年 2 月，为了促进房地产业的持续快速健康发展，根据《国务院关于促进房地产市场持续健康发展的通知》，结合实际情况，扬中市政府出台了扬政〔2013〕100 号文件，在一定程度上刺激了商品房市场，保证房产市场健康发展。

②政府出台房改政策，取消福利分房。政府取消福利分房制度，个人购房数量骤增。同时，随着居民收入水平不断提高以及消费者观念的转变，消费者对商品房的需求也持续呈上升趋势，在很大程度上刺激了商品房市场迅猛发展。

③人口城镇化扩大了市场消费需求。扬中市地处素有黄金水道之称的长江中下游（由大小 4 座岛屿组成），西南与镇江新区、丹阳、常州新北区一衣带水，东北与扬州江都区和泰州高港区隔江相望；扬中市是镇江经济发展的重要板块，也是江苏经济发展水平较高的县市，在镇江发展全局中具有重要地位。其荣膺首批国家级生态示范区，是江苏综合环境质量最好的地区之一，全市绿化覆盖率达 36%，大气环境质量达国家 I 级标准。扬中是一座集港口、工贸、旅游为一体且适宜人居和创业的江南新兴城市。随着近年来城市基础设施建设的逐步完善，吸引了许多外地人来扬中投资经商。另外户籍制度的改革，使农村人口城镇化，城镇人口大量增加，这些都为扬中市的商品消费市场增添了新的主力军。

④随着人均收入的增加，人民生活水平的提高，市场消费能力逐步增加。2011 年，全市完成地区生产总值 300.05 亿元，财政总收入 52.1 亿元，地方一般预算收入 19.6 亿元，分别比 2007 年增长 94.6%、159.6%、144.7%，列中国中小城市科学发展百强第 26 位。以上数据反映了企业和个人的投资与消费仍蕴藏着较大的增长潜力。近年来，相当一部分住旧楼房和平房的居民为了改善居住条件，将以旧换新，以小换大，逐渐从追求"居者有其屋"向"居者优其屋"发展。同时，随着汽车、住房消费的增加，这也预示着新一轮消费结构升级已为期不远。

⑤同类物业的一批高档次概念住宅的推出，完成了对本类产品的市场任务，人们对高档住宅已广为认同和接受，希望拥有这类高档住宅。在此基础上，商品住宅的推广、销售也逐步成熟，深入人心。

⑥旧城改造，造成了需求量的增加。鉴于城内人口密度过大的状况，为减轻市政压力，政府出台"节约用地，集中安置，不允许划地建房"的新规划，开始对老城区拆迁安置，这给房地产开发提供了发展机遇和良好的市场环境。

⑦银行按揭政策的出台，让大量经济实力不是很强的家庭也步入了购房者的行业，增加了市场的需求量。在银行按揭政策，这些消费者通常需支付相当于总房款三成的首付款，即可提前入住，享受房产的居住权。这就大大增加了消费人群数量，有效刺激了房地产市场。

（3）项目单位基本情况：2013 年 9 月 19 日，公司通过竞买的方式取得扬中惠众住宅小区项目建设开发权。现该项目设计方案已通过规划评审，目前该项目正在顺利进行各项前期工作。

2.2.2　市场分析

扬中房地产业从起步到发展，大致经历了三个阶段。1988～1991 年为第一阶段，以房屋统代建设为主，所建住房多为福利性，商品化率低，房地产业处于萌芽状态。1992～

1998 年为第二阶段，统代建设逐步消失，商品房开发逐步兴起。1999 年至今为房地产业发展与规范阶段。以旧城改造和商品房小区的成片开发为起点，掀起了城市建设新一轮高潮。尤其是 2008 年后，城市基础设施建设步伐加快，城市建成区人口、规模迅速扩张，城市建设与房地产开发两者良性互动，房地产市场进入有序发展时期。到目前为止，扬中市房地产业基本实现了创业任务，完成了原始积累。居住房质量显著改善，产业结构趋向合理，市场体系基本建立。对今后市场有以下预测。

（1）从购房能力看，伴随着经济增长，城镇居民可支配收入逐年增多，2007 年到 2013 年，随着城镇居民可支配收入逐年增加，尽管房价涨幅较大，但消费市场仍保持旺热。

（2）从投资角度看，由于股市长期低迷，银行利率多次下调，而房地产业保值、增值功能显著，使得房地产市场成为投资的重要领域。加上银行信贷的支持，大大刺激了市场的需求。目前通过按揭贷款购买商品房的比例为 42%，年增幅达 16%。

（3）从消费结构看，随着房地产市场的发展，居民住房消费观念发生了明显的变化。人们已不能满足于"够住就行"的传统观念，改善套型住房的需求较为明显。住房消费正由"居住型"向"享受型"转变。二次置业、三次置业和消费群体逐步扩大。另从扬中本地人的住房消费理念上讲，扬中本地人子女结婚成家在市区需有房的消费观念深入人心，这就导致刚性需求量存在较大空间。

（4）从需求关系看，根据城市总体规划，城市建城区面积将不断扩大，城市人口不断增多，在不考虑有效购买力的情况下，单从住房需求分析，扬中市每年人口增长拉动的住房需求，加之城市外来人口的购买需求和城市拆迁需要，将为房地产业提供广阔的发展空间。而且就目前扬中的消费群体分布来说，市区向南的消费群体占 70% ~ 80%，而目前的开发地块就为扬中的南大门，独特的地理位置为该小区的商品房销售提供了绝佳的地理位置。

2.2.3 项目建设的有利条件

（1）区位优越、交通便捷。扬中位于素有黄金水道之称的长江中下游，苏南现代化建设示范区内，东北与泰州、扬州隔江相望，西南与镇江、常州一衣带水，泰州大桥南桥相接沪宁高速公路和京沪铁路，北渡可联京沪高速公路。距上海浦东国际机场只有 2.5h 的公路车程，到南京禄口国际机场只需 1.5h，距国际货运港口镇江港、泰州港分别为 6km 和 2km，可与 40 多个国家、136 个港口通航。扬中当前已有四座跨江大桥分别与上海、南京方向相通，连接泰州、扬中和常州的泰州长江公路大桥已经于 2012 年 11 月 25 日开通，扬中将真正成为连接苏南苏北的交通枢纽。根据中长期规划，扬中将形成"一岛五桥"的格局，真正成为连接大江南北的"中心链核"。市内道路四通八达，整个岛城已经建成了"半小时经济圈"。

（2）城市概况：扬中区域面积 332 平方千米，常住人口达 33.78 万人。清丽现代的长江岛城扬中，水田肥沃，物丰富庶，人杰地灵，素有"长江小威尼斯"之誉。2011 年，扬中在全国综合实力百强县市评比中位列第 26 位，2012 年扬中在江苏省县级城市人均 GDP 排名第 6 位。人均居民储蓄名列江苏省县级市第 3 位。中国十佳"两型"中小城市第 2 位，中国最具投资潜力中小城市百强县市第 38 位。第八届江苏省园艺博览会已于 2013 年 9 月 27 日在镇江扬中市开幕，这开启了全省县级市承办省级园博会的先河。

（3）气候适宜、风调雨顺。地形：扬中市是长江中的一个岛市，为江中沙洲，属冲积平原，全市无山岳，地势低平，海拔 4～4.5m，相对高度 1m。

气候：扬中地处亚热带季风中部气候区，气候适宜，具有雨量充沛，光照充足，气候温和，无霜期较长，雨热同季等特点。

温度：据 1959～2000 年气象资料统计，扬中常年平均气温 15.1℃，最高达 16℃，最低为 14.3℃。平均气温在 12℃以下的月份有 1 月、2 月、3 月、11 月、12 月，共 5 个月，没有平均气温在 28℃以上的月份。

湿度：扬中降水量年均 1000mm 左右，常年降水天数为 116.3d，占全年总天数的 1/3。由于四面环水，空气湿度相对较大，春、秋两季达 80%左右。

日照：扬中常年日照数为 2135h。

（4）服务到位、环境优良。扬中市委、市政府早在 1992 年就在全省率先推进了国有集体企业改革，着力解决体制问题。目前，国有集体企业改革全部完成，民营企业全面涌入，改革先行带来的体制优势日益显现。打造高效、务实、廉洁的服务型政府，是历届市委、市政府努力追求的目标。市行政服务中心提供的"一站式"全程服务，始终体现出快捷、高效、方便。一年一度的公开评议机关活动，彻底扭转了机关作风。扬中市被誉为省内外投资者投资十大潜力城市之一。

（5）经济发展、社会安定。经济综合实力明显增强，工业主导作用日渐突出。2011 年，扬中市完成地区生产总值 300.05 亿元，财政总收入 52.1 亿元，地方一般预算收入 19.6 亿元，分别比 2007 年增长 94.6%、159.6%、144.7%，列中国中小城市科学发展百强第 26 位。另外，扬中市经济蓬勃发展，人民生活水平逐步提高，人民安居乐业，社会稳定。

2.2.4 项目选址

（1）扬中惠众住宅小区项目位于泰镇高速东南侧，南依长江路，东傍环城东路三角地块。

（2）该项目总用地面积 100 余亩，其中公共绿地 30 余亩，2 类住宅用地 70 余亩。该项目共分 2 块地块，其中第 1 块 14500m² 为商业建设用地，第 2 块 56626m² 为住宅建设用地。

（3）该项目位于环城东路西侧、市区东南部，是城市主导风向的上风口，西侧为居民小区，北侧为汽车城及家具城，生活便捷、环境优雅。建筑布局以十字形景观主轴为中心，采用点式和单元式及点状式和单元式相结合，以减少对风的阻挡，并满足日照要求。

（4）该项目地址用地为三角形，布局开发具有挑战性，需要对其进行合理筹划。该项目地块总用地 7 万余平方米（100 余亩），可规划建筑面积 20 万余平方米，其中商业建筑面积约 3 万平方米，办公建筑面积约 1 万平方米，住宅建筑面积约 11 万平方米（商品房 707户），地下建筑面积 5.5 万平方米，能形成较大规模的小区。该地与城市中心很近，地理位置十分优越。

（5）交通条件好。该项目所处位置两面为城市道路，即环城东路以西，长江路以北，交通十分便利。

2.2.5 项目拟建内容及建设规模

（1）项目拟建内容：扬中惠众住宅小区项目以开发建设商住房为主，临街营业门面房为辅，兼建绿地景观和配套小区水、电、通信及道路系统建设。

1）规划结构：本项目在充分研究规划地块现状、用地特征形态的基础上，以满足现代居民对居住环境提高的需求，严格按照建设部建住房［2006］165 号文件要求，合理设计住房结构比例。根据总量与项目相结合的原则，充分考虑城镇居民家庭生活水平，合理安排普通商品住房的区位布局，统筹落实新建住房结构比例及新建的商品住房总面积，充分考虑套型建筑面积在 150 平方米以下住房面积比，根据当地住房调查的实际状况以及土地、能源、社会需求等综合承载能力，分析住房需求，合理确定商品住房套型结构比例。

2）功能布局：社区总体空间布局为"外环道路系统＋'十'字形步行开敞空间系统＋多元化住宅院落"。住宅小区以中部公共绿地景观带分为东苑和西苑。商业性经济用房布局，主要集中在东侧（一层），西侧有一大型超市，以商业、超市、社区各项服务设施为主的住宅配套。

3）道路系统及停车场地：新建人车分流的道路系统、车库及停车场地配套，方便居民。

4）绿地规划建设：使绿地与社会各主要功能联系在一起，中心绿地、带形绿地、院落绿地有机连接，营造十分舒适的人文居住环境。

（2）建设规模：该项目总用地 100 余亩，其中公共绿地 30 余亩，2 类住宅用地 70 余亩，建商品房 707 套，分 32 层、29 层、28 层、18 层（含地下室）住宅，建设办公大楼 1 栋 14 层，总建筑面积 20 余万平方米，其中地上建筑面积约 15 万平方米，地下室 5.5 万平方米。

2.2.6 环境保护及消防安全

（1）环境保护：本项目属于商住房社区性项目，项目建成后，只有生活污水、生活垃圾。生活污水排放可用管道沿城建规划布局，达标排放。生活垃圾经过运转站运往垃圾处理场进行填埋，对周围无任何污染。卫生用水经化粪池处理后排入污水管网。

（2）消防安全

1）本项目消防系统包括室内消火栓系统。

2）本项目依据国家及江苏省有关消防的规定，严格按照《建筑设计防火规范》（GB 50016—2014）要求，参照本行业的先进经验，本着高度重视、积极稳妥、经济可行、设施管理并存的原则，密切设防，整体配套，重点建设，确保防火安全。

3）消防用水量：室外 30L/s，室内 15L/s；火灾延续时间：室内外消火栓为 2h，室外消防用水 $30 \times 3.6 \times 2 = 216m^3$。

2.2.7 物业管理

优良的物业管理，不仅能让住宅本身保值增值，也可使业主的利益得到保障。本项目聘请知名物业公司进行全程物业指导，挑选从事专业物业管理多年，服务众多高档楼盘并深受好评，资质深厚，经验丰富公司。该公司将在本项目未竣工前即开始介入，从物业管理的角度及早发现问题、解决问题，避免出现入住后的管理、使用难题。本项目推行"绿色安全环保小区"概念，全部采取人车分流，设三十米宽的主入口仅供行人出入，在新区道路设有两个侧门，供车辆出入。小区入口设保卫室，每栋楼的单元入口都装有可视对讲系统，公共场所及外墙设高密度红外线监控系统，社区内保安二十四小时巡逻，遇紧急情况还可通过报警系统获得最及时的帮助。此外，本项目物业管理还提供全天候的小区保洁；园林绿化方面的施肥、锄草、修剪、除虫等工作；消防设施的保护；公共部位的维修与保养以及代订牛奶、书刊报纸等服务。想业主所想，急业主所急，让业主享受尊贵自在的居家生活。在社区物业管理方面努力打造为深受业主欢迎的一流社区。

2.2.8 投资估算和资金筹措设想

本估算根据房地产市场开发行情，参照有关类似房地产建筑工程估算参数，按照本项目建议书中提出的相关技术数据进行估算项目投资价值。

（1）本项目总投资匡算为 10 亿元，其中包括项目用地费用 2 亿余元、铺底启动资金 4000 万元和土建工程费用、相关配套设施投资费用及其他项目费用等多项投资。

（2）其他费用按以下标准计算

1）供配电工程服务费为 200 元 /m^2。

2）勘察设计费按工程费用的 3.0% 计。

3）工程监理费按工程费用的 1.2% 计。

4）工程保险费按工程费用的 2.5% 计。

5）开办费（建设单位管理、前期咨询、开工执照、质量监督、开业广告等费用）按总投资的 5.5% 计。

6）招投标费按工程费用的 2.0% 计。

7）基本预备费按工程费与其他费用之和的 10% 计。

8）建设期贷款利息按年利率 6.4% 计。

（3）资金筹措设想。本项目总投资为 100000 万元，建设资金筹措可考虑以下 3 种方案中的一种。

1）自筹 80%，申请银行贷款 20%。

2）自筹 70%，寻求合资方出资 30%。

3）自筹 50%，寻求合资方出资 30%，申请银行贷款 20%。

2.2.9 项目实施进度安排

本项目分为前期准备阶段、项目实施阶段和竣工验收阶段。项目前期准备阶段，主要是项目材料编制、申报审批立项、土地征用、规划设计、落实建设资金、场地准备等；项目实施阶段分为三通一平、土建工程施工、设备购置；工程竣工验收。项目时间计划为五年。

2.2.10 建筑结构及社会效果分析

本项目对该宗地块的建设规模作为初步规划方案，商品住房为 4 种套型，占地面积为 71126m^2，总建筑面积为 204630m^2，临街商铺和整体商业用房建筑面积为 29800m^2。建筑密度 24.5%，容积率 2.1。商住房均设有地下建筑，建筑面积为 55000m^2，停车数达 1257 辆。项目总体布局、套型结构及环境设计落落大方、和谐统一，社区建筑风格特色突出、视觉感觉好，绿地率、绿化覆盖率高，环境布局优美，区位群体效果明显、适用。该项目建成后，将大大改善城镇居民居住环境。

第3章

可行性研究报告

 学习目标

1. 了解可行性研究报告的定义、特点及重要性
2. 了解可行性研究报告编写的基本框架
3. 了解 BIM 技术在可行性研究阶段的应用

3.1 可行性研究报告知识精讲

3.1.1 可行性研究报告的定义

可行性研究报告，简称可研，是在制订生产、基建、科研计划的前期，通过全面的调查研究，分析论证某个建设或改造工程、某种科学研究、某项商务活动是否切实可行而编制的一种书面材料。

项目可行性研究报告主要是通过对项目的主要内容和配套条件，如市场需求、资源、供应、建设规模、工艺路线、设备选型、环境影响、资金筹措、盈利能力等，从技术、经济、工程等方面进行调查研究和分析比较，并对项目建成以后可能取得的财务、经济效益及社会影响进行预测，从而提出该项目是否值得投资和如何进行建设的咨询意见，是一种为项目决策提供依据的综合性的分析方法。

3.1.2 可行性研究报告的特点

（1）科学性。可行性研究报告需以书面形式展示，反映的是对投资项目的分析、评判，这种分析和评判需要建立在客观基础上的科学结论上，所以科学性是可行性研究报告的第一特点。主要体现在：

1）整个过程的每一步都力求客观全面；

2）用正确的理论和相关政策来研究问题；

3）对可行性研究报告需进行全面审批。

（2）详备性。可行性研究报告的内容需做到足够详备。对于一个项目的报告，一般来

说，应从它的环境条件、市场前景、资金状况、原材料供应、技术工艺、生产规模等诸多方面进行必要性、适应性、可靠性、先进性等多角度的研究，将每一种数据展现出来，进行比较、甄别、权衡、评价。只有详尽完备地研究论证之后，其"可行性"或"不可行性"才能显现，并获得批准通过。

（3）程序性。可行性研究报告是决策的基础。为保证决策的科学正确，必须要有可行性研究的过程，最后的获批也一定要经过相关的法定程序。这些程序性的要求和处理手法，是可行性研究报告的一大特点。

3.1.3　可行性研究报告的重要性

可行性研究报告作为投资项目中的前期工作的重要内容，对项目具有十分重要的作用，主要体现在以下几个方面：

（1）可行性研究是坚持科学发展观、建设节约型社会的需要；

（2）可行性研究是建设项目投资决策和编制设计任务书的依据；

（3）可行性研究是项目建设单位筹集资金的重要依据；

（4）可行性研究是建设单位与各有关部门签订各种协议和合同的依据；

（5）可行性研究是建设单位进行工程设计、施工、设备购置的重要依据；

（6）可行性研究是向当地政府、规划部门和环境保护部门申请有关建设许可文件的依据；

（7）可行性研究是国家各级计划综合部门对固定资产投资实行调控管理、发展计划编制、固定资产投资、技术改造投资的重要依据；

（8）可行性研究是项目考核和后评估的重要依据。

3.1.4　可行性研究报告的基本框架

（1）项目总论：总论作为可行性研究报告的首要部分，综合叙述研究报告中各部分的主要问题和研究结论，并对项目的可行性提出最终建议，为可行性研究的审批提供便利。

（2）项目概况

1）项目名称；

2）项目承办单位介绍；

3）项目可行性研究工作承担单位介绍；

4）项目主管部门介绍；

5）项目建设内容、规模、目标；

6）项目建设地点。

（3）项目可行性研究主要结论：在可行性研究中，对项目的产品销售、原料供应、政策保障、技术方案、资金总额及筹措、项目的财务效益和国民经济、社会效益等重大问题，都应得出明确的结论，主要包括：

1）项目产品市场前景；

2）项目原料供应问题；

3）项目政策保障问题；

4）项目资金保障问题；

5）项目组织保障问题；

6）项目技术保障问题；

7）项目人力保障问题；

8）项目风险控制问题；

9）项目财务效益结论；

10）项目社会效益结论；

11）项目可行性综合评价。

（4）主要技术经济指标表：总论部分中，可将研究报告中各部分的主要技术经济指标汇总，列出主要技术经济指标表，使审批和决策者对项目作全貌了解。

（5）存在问题及建议：对可行性研究中提出的项目的主要问题进行说明并提出解决的建议。

3.1.5　BIM 技术在可行性研究中的应用

在可行性研究阶段，业主需要确定出建设项目方案在满足类型、质量、功能等要求下是否具有技术与经济的可行性。按照以往的模式，如果想得到可靠性高的论证结果，需要花费大量的时间、金钱与精力。

利用 BIM 技术可以为业主创建 BIM 概算数据信息模型（见图 3-1），对建设项目方案进行分析、模拟，对工程是否可行、项目需要投入的资金进行量化分析，提高论证结果的准确性和可靠性，从而为整个项目的建设降低成本、缩短工期并提高质量。

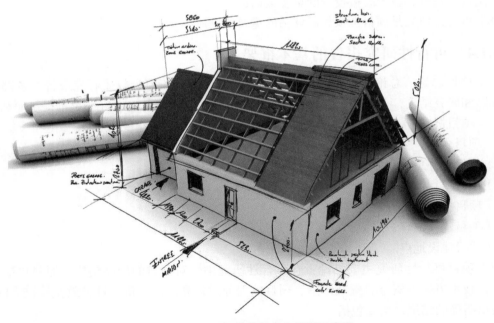

图 3-1　BIM 概算数据信息模型示意图

3.2 案例展示

本节将以《教师宿舍楼可行性研究报告》为例，讲解宿舍楼这类建筑工程项目可行性研究报告中包含的具体内容，帮助读者更好地理解可行性研究报告的编制框架。

3.2.1 案例目录

第一章 总论
（一）项目概况
（二）建设内容
（三）项目总投资及资金筹措
第二章 编制依据和研究内容
（一）编制依据
（二）可行性研究报告编制单位
（三）研究内容
第三章 项目背景及需求分析
（一）地域概况
（二）行业概况
（三）需求分析
（四）建设规模
第四章 必要性和可行性分析
（一）项目建设的必要性
（二）项目建设的可行性
第五章 项目选址及建设条件
（一）项目选址
（二）建设条件
第六章 建设方案
（一）工程设计指导思想和原则
（二）建筑设计方案
（三）结构设计
（四）给排水设计
（五）暖通设计
（六）电气设计
（七）室外消防设计
（八）绿化

第七章 节能措施
第八章 环境影响及环境保护措施
（一）设计依据
（二）设计原则
（三）建设工程对环境的影响
（四）环境保护措施
第九章 劳动安全卫生消防
（一）劳动安全
（二）消防
（三）消防设施方案
第十章 组织机构及人力资源配置
（一）项目组织管理
（二）项目组织机构
（三）人力资源配置
第十一章 项目实施进度
（一）项目管理制度
（二）监督管理保障体系
（三）项目实施计划
第十二章 投资估算与资金筹措
（一）投资估算
（二）资金筹措
第十三章 经济效益与社会效益评价
（一）编制说明
（二）社会效益综述
第十四章 研究结论及建议
（一）研究结论
（二）项目建议
第十五章 附表、附图、附件

3.2.2 项目建议书与可行性研究报告的区别

（1）适用范围不同。项目建议书是从宏观上论述项目设立的必要性和可能性，把项目投资的设想变为概略的投资建议，其为下一步可行性研究打下基础。

可行性研究报告是从事投资之前，双方要从经济、技术、生产、供销直到社会各种环境、法律等各种因素进行具体调查、研究、分析，确定有利和不利的因素、判断项目是否可行、估计成功率大小、评估经济效益和社会影响程度，是决策者和主管机关审批的重要文件。

（2）行文逻辑不同。图 3-2 和图 3-3 分别展示了项目建议书和可行性报告的大致提纲，由图可知，两者之间在编写时存在一定的差异。

一、总论
二、市场预测
三、资源条件评价
四、建设规模与产品方案
五、场址选择
六、技术方案、设备方案和工程方案
七、主要原材料、燃料供应
八、总图运输与公用辅助工程
九、节能措施
十、节水措施
十一、环境影响评价
十二、劳动安全卫生与消防
十三、组织机构与人力资源配置
十四、项目实施进度
十五、投资估算
十六、融资方案
十七、财务评价
十八、国民经济评价
十九、社会评价
二十、风险分析
二十一、研究结论与建设

第一部分　总论
第二部分　项目发起背景和建设必要性
第三部分　项目市场分析及前景预测
第四部分　建设条件与厂址选择
第五部分　工厂技术方案
第六部分　环境保护与劳动安全
第七部分　企业组织和劳动定员
第八部分　项目实施进度安排
第九部分　项目财务测算
第十部分　财务效益、经济和社会效益评价
第十一部分　可行性研究结论与建设

图 3-2　一般项目建议书格式　　　　　　图 3-3　一般项目可行性研究报告格式

（3）编写深度不同。一般来说，编写项目建议书时项目的具体参数还未确定，具体建设方案还不清晰。因而编写者可根据项目的具体要求配备相应的功能，对于建设规模可根据行业类似的规模确定，同时投资估算也相对粗略。

编写可行性研究报告除需以批准的项目建议书作为依据外，还需有详细的设计资料和经过深入调查研究后掌握的比较详实确凿的数据作为依据，研究时必须详细深入，分析细致，结论明确。

第4章

设计任务书

 **学习目标**

1. 了解设计任务书的定义、主要内容及审批方式
2. 了解基于 BIM 技术的正向设计
3. 了解基于 CAD 图纸的逆向设计
4. 掌握施工图阶段专用宿舍楼的 BIM 翻模任务书的内容
5. 完成施工图阶段员工宿舍楼的 BIM 翻模任务书的编制

4.1 设计任务书概述

设计任务书亦称"计划任务书"或"设计计划任务书",是确定建设项目、建设方案、申报审批的基本文件。设计任务书是对拟建项目的投资规模、工程内容、经济技术指标、质量要求、建设进度等作出规定的一种文件,其主要内容有:

第一章　项目概况及周边条件

1)地理位置
2)建设规模
3)城市总规划及区域控规
4)地块现状
5)周边区域交通及道路
6)周边区域或环境设施
7)周边基础设施
8)其他情况(描述项目特殊情况)

第二章　规划控制条件

1)规划设计控制条件

2)规划道路后退要求
3)配套功能设置要求
4)日照及通风要求

第三章　设计要求

1)设计理念及意象(附示意图片)
2)设计要求
3)建筑单体设计

第四章　设计深度要求

1)设计总说明
2)设计成果

4.2 二维设计任务书概述

4.2.1 二维设计定义

传统的二维设计是以 CAD 软件为依托，将设计理念以点、线、面的形式表现出来。CAD 技术的到来是建筑业的第一次革命，使设计师摆脱了手绘图纸的低效率工作模式。目前 CAD 设计模式是当前最主要的设计模式之一。

4.2.2 二维设计的劣势

（1）表现形式弱。CAD 时代，建筑项目的表现形式多以点、线、面的 2D 平面形式展示，再配合相关的建筑符号或标识，具有非常强的专业性，需要阅读人员有一定的专业知识以及空间想象力，信息沟通之间很难对称，造成双方理解不一致。

（2）信息承载弱。传统 CAD 对于建筑项目中的信息收集非常有局限性，而且经常因为技术原因造成信息的流失与浪费，无法形成信息集成式管理。

（3）工作模式弱。CAD 时代，工作模式上基本以单专业为单位，建筑师画好平立剖图纸后，其他人员根据该图纸进行结构计算、机电模拟、造价算量、绿色节能等工作，各专业工作人员各自为政，相互之间缺乏协同与沟通，经常造成设计变更。而一旦设计变更，意味着之前各专业工作需要逐一修改，从而造成人力、物力的浪费。

（4）支持范围弱。传统 CAD 一般只能应付单一阶段的工作，例如设计阶段或者施工阶段，不能将各阶段串联起来，更不用说用来支持项目全生命周期。

4.2.3 二维设计任务书的成果

二维设计成果最重要的就是出具满足客户要求、具有指导深度的各种图纸。建筑专业图纸一般有以下几种。

（1）施工图首页和总平面图：比例 1∶500 或 1∶1000。

（2）平面图（底层平面图、标准层平面图）：比例 1∶100。

（3）屋顶平面图：比例 1∶100 或 1∶200。

（4）立面图：比例 1∶100。

（5）剖面图：比例 1∶100。

（6）墙身大样：比例 1∶20。

4.3 逆向设计任务书概述

4.3.1 逆向设计定义

逆向设计也称为反向设计，主要是利用 Revit 等 BIM 核心建模软件作为建模工作，依据已经完成的 CAD 图纸进行模型的搭建，进而完成碰撞检查、管线综合、BIM 分析等工作，并完成相应成果输出。翻模设计是 BIM 应用中最普遍的方式。

4.3.2 逆向设计特点

（1）先有图纸，后翻模。逆向设计是基于设计师完成好的二维图纸进行翻模设计，主要目的是以可视化的形式表现建筑，给人以直观的感受，辅助决策。

（2）模型割裂，无法传递。翻模可发生在建筑全生命期的各个阶段，如施工图的翻模、算量的翻模、深化设计的翻模等，由于各阶段模型要求不一，会导致数据割裂，无法整合，信息无法有效传递。

4.3.3 逆向设计任务书的成果

逆向设计一般是设计任务书中的一部分，是在原有二维设计要求的基础上，配合提出翻模的要求，并对翻模的模型提出精细度的要求，以保证模型的应用价值。表4-1展示了BIM翻模的成果要求。

表4-1 BIM翻模要求

序号	专业类型	要求	备注
1	建筑专业	楼梯间、电梯间、管井、楼梯、配电间、空调机房、泵房、管廊尺寸、天花板高度等定位需准确	（1）墙体、柱结构等跨楼层的结构，建模时必须按层断开建模；
2	结构专业	梁、板、柱的截面尺寸与定位尺寸需与图纸一致；管廊内梁底标高需要与设计要求一致，如遇到管线穿梁需要设计方给出详细的配筋图及管线穿梁的节点	（2）为方便工程量统计，所有建模所得实体内容必须归类到固定的族，因而梁柱模型单元上的开洞必须使用新建梁柱族类进行绘制
3	机电工艺专业	要求各系统的命名须与图纸一致；影响管线综合的一些设备、末端需按图纸要求建出	

4.4 正向设计任务书概述

4.4.1 正向设计定义

BIM正向设计就是利用Revit等BIM核心建模软件作为设计工具，由设计院在设计初期就完成模型搭建，再基于模型产出图纸及数据，并期望将前期模型延伸到后期成本、工程、营销等各个环节。目前，国内的大型综合类设计院在推进BIM正向设计的应用。

4.4.2 正向设计特点

（1）先建模，后出图。使用"先建模，后出图"的BIM正向设计技术，保证了图纸和模型的一致性，减少了施工图的错漏碰缺，对于设计质量有很大的提高。

（2）全专业设计BIM应用。正向设计实现了各专业之间设计过程中的高度协调，提高了专业间设计会签效率，更加高效地把控项目设计的进度和质量。

（3）全三维无死角的设计。正向设计提高了设计完成度和精细度，减少了设计盲区，让模型服务后期施工成为可能，这也是BIM正向设计的最终目的。

4.4.3 正向设计任务书的成果

BIM 正向设计成果最大的特点就是以输出模型为主，图纸和其他文档是模型的衍生品。由于正向设计的初衷是实现一个模型贯穿工程各阶段，那么在前期建模过程中就要充分考虑到设计、招采、工程、运营等各环节的需求，所以对于模型的要求非常严苛；同时由于目前国内的施工图审图还是以二维为主，所以对于模型的出图要求也非常强烈。表 4-2 展示了 BIM 正向设计下出图的图纸内容。

表 4-2　BIM 正向设计下出图的图纸内容

专业	图纸内容
建筑	图纸目录
	设计说明、工程做法表
	立面图
	剖面图
	楼梯详图、电梯、扶梯、步道详图、卫生间详图、坡道详图
	墙身详图
	门窗详图
	节点详图
	防火分区平面图
	管综剖面图
结构	图纸目录
	设计说明
	桩图、基础图、地下室设备基础
	模板图、梁板柱平法施工图
	楼梯详图
	墙身大样图
	汽车坡道详图

4.5　案例展示

本节将以专用宿舍楼为案例，以逆向设计为原则，展示设计任务书中的 BIM 建模部分的设计要求、设计依据、建模要求、成果要求等内容，以帮助读者更好地理解设计任务书的精髓。

4.5.1 案例过程及成果展示

已有二维的设计图纸，现在需要设计师完成基于二维图纸的逆向翻模，特编制此设计任务书。根据专用宿舍楼的二维图纸进行三维模型创建，在创建过程中要求掌握图纸的内容、表达方式及业务信息，利用所学的民用建筑设计原理及建筑构造知识来创建专用宿舍楼 BIM 模型。设计要求如下。

（1）项目概况

1）项目名称：专用宿舍楼（不可指导施工）；

2）建筑面积及占地面积：总建筑面积 1732.48m²，基底面积 836.24m²；

3）建筑高度及层数：建筑高度为 7.650m（按自然地坪计到结构屋面顶板），1～2 层为宿舍；

4）建筑耐火等级及抗震设防烈度：建筑耐火等级为二级，抗震设防烈度为七度；

5）结构类型：框架结构；

6）建筑物设计使用年限为五十年，屋面防水等级为 II 级。

（2）设计依据

1）专用宿舍楼相关部门主管的审批文件；

2）现行的国家有关建筑设计主要规范及规程：

①《民用建筑设计规范》(ZBBZH/GJ 18)；

②《建筑设计防火规范》(GB 50016—2014)；

③《屋面工程技术规范》(GB 50345—2012)；

④《宿舍建筑设计规范》(JGJ 36—2016)；

⑤《建筑内部装修设计防火规范》(GB 50222—2017)；

⑥《民用建筑工程室环境污染控制规范》(GB 50325—2010)。

（3）设计标高及单位

1）室内外地坪高差为 0.450m；

2）所注各种标高，除注明者外，均为建筑完成面标高；总平面图尺寸单位及标高单位为 m，其余图纸尺寸单位为 mm；

3）±0.000 对应的绝对高程为 168.250m；

4）地理位置为寒冷地区。

（4）建模依据：依据已有的二维平面图纸，进行 BIM 模型创建。图纸目录如表 4-3 所示。

表 4-3 图纸目录

序号	图纸编号	图纸名称	备注
1	建施 -01	建筑设计说明	
2	建施 -02	室内装修做法表	
3	建施 -03	首层平面图	
4	建施 -04	二层平面图	
5	建施 -05	屋顶层平面图	
6	建施 -06	①～⑭立面图、⑭～①立面图	
7	建施 -07	侧立面图 1-1 剖面图	
8	建施 -08	楼梯详图	
9	建施 -09	卫生间详图、门窗详图	
10	建施 -10	节点大样图（一）	
11	建施 -10	节点大样图（二）	

（5）模型精度要求：对于建筑专业的建模构件的精细度要求如表 4-4 所示。

表 4-4　建模构件精细度要求

构件分类	精细度要求
墙体	在"类型"属性中区分外墙和内墙； 墙体核心层和其他构造层可按独立墙体类型分别建模； 外墙定位基线应与墙体核心层外表面重合，无核心层的外墙体，定位基线应与墙体内表面重合，有保温层的外墙体定位基线应与保温层外表面重合； 内墙定位基线宜与墙体核心层中心线重合，无核心层的外墙体，定位基线应与墙体内表面重合； 在属性中区分"承重墙""非承重墙""剪力墙"等功能，承重墙和剪力墙应归类于结构构件； 外墙如跨越多个自然层，墙体核心层应分层建模，饰面层可跨层建模； 内墙不应穿越楼板建模，核心层应与接触的楼板、柱等构件的核心层相衔接，饰面层应与接触的楼板、柱等构件的饰面层对应衔接； 应输入墙体各构造层的信息，包括定位、材料和工程量； 构造层厚度不小于 1mm 时，应按照实际厚度建模
幕墙系统	幕墙系统应按照最大轮廓建模为单一幕墙，不应在标高，房间分隔等处断开； 幕墙系统嵌板分隔应符合设计意图； 内嵌的门窗应明确表示，并输入相应的非几何信息； 幕墙竖梃和横撑断面建模几何精度应为 3mm
楼板	在"类型"属性中区分建筑楼板和结构楼板； 应输入楼板各构造层的信息，构造层厚度不小于 3mm 时，应按照实际厚度建模； 楼板的核心层和其他构造层可按独立楼板类型分别建模； 无坡度楼板建筑完成面应与标高线重合
柱子	非承重柱子应归类于"建筑柱"，承重柱子应归类于"结构柱"，应在"类型"属性中注明； 柱子宜按照施工工法分层建模； 柱子截面应为柱子外廓尺寸，建模几何精度宜为 3mm
屋面	应输入屋面各构造层的信息，构造层厚度不小于 3mm 时，应按照实际厚度建模； 楼板的核心层和其他构造层可按独立楼板类型分别建模； 平屋面建模应考虑屋面坡度； 坡屋面与异形屋面应按设计形状和坡度建模，主要结构支座顶标高与屋面标高线宜重合
地面	可用楼板或通用形体建模替代，但应在"类型"属性中注明"地面"； 完成面与地面标高线宜重合
门窗	建模几何精度应为 3mm； 可使用精细度较高的模型； 应输入外门、外窗、内门、内窗、天窗、各级防火门、各级防火窗、百叶门窗等非几何信息
楼梯或坡道	楼梯或坡道应建模，并应输入构造层次信息； 平台板可用楼板替代，但应在"类型"属性中注明"楼梯平台板"
栏杆或栏板	应建模并输入几何信息和非几何信息，建模几何精度宜为 10mm
空间或房间	空间或房间的高度设定应遵守现行法规和规范； 空间或房间的平面宜标注为建筑面积，当确有需要标注为使用面积时，应在"类型"属性中注明"使用面积"； 空间或房间的面积，应为模型信息提取值，不得人工更改
其他	其他建筑构配件可按照需求建模，建模几何精度可为 100mm； 建筑设备可以用简单几何形体替代，但应表示出最大占位尺寸

（6）所用软件及项目单位和坐标原点

1）建模软件：AutoCAD、Revit 2016；

2）项目单位：mm；

3）建模标高：使用相对标高，±0.000 即为坐标原点 Z 轴坐标点；

4）项目原点：A—1 轴与 A—A 轴的交点。

（7）文件命名标准：所有模型文件的命名均依照下列标准：项目名称 – 专业 – 楼层 – 日期 . 后缀，例：专用宿舍楼 -A-F1-2018.11.20.rvt。

（8）建模参考规范：根据本项目 BIM 应用的"信息共享、协同工作"的要求，结合工程的具体特点制定详细编制方案，制定满足项目应用需求的 BIM 综合模型标准和 BIM 工作规范，包括：广联达 BIM5D 与 Revit 土建类模型交互建模规范 V2.5 ；广联达算量模型与 Revit 土建三维设计模型建模交互规范。

（9）建模后应用要求

1）建模展示：根据项目特征及图纸，使用 Revit 软件建立建筑、结构专业模型，进行成果展示；

2）模型整合：将项目建筑、结构模型整合，并进行成果展示；

3）模型检查：对建筑、结构合模的模型进行碰撞检查，出具检查结果报告；

4）可视化展示：对建筑、结构模型渲染出图，漫游展示；

5）明细表清单：对建筑、结构的主要构件进行清单统计。

4.5.2　成果列表

（1）完整的建筑、结构模型。

（2）模型可视化展示截图、渲染图片、漫游动画。

（3）模型碰撞检查报告。

（4）模型主要建筑构件的清单表。

第 5 章

建筑设计

 学习目标

1. 了解建筑设计的基础知识
2. 了解基于 BIM 的建筑设计流程
3. 了解基于 BIM 的建筑设计各阶段应用点
4. 掌握专用宿舍楼各类建筑构件的建模流程、方法
5. 完成员工宿舍楼各类建筑构件的模型创建

5.1 建筑设计的基础知识

5.1.1 建筑设计

建筑设计（Architectural Design）是指建筑物在建造之前，设计者按照建设任务，把施工过程和使用过程中所存在的或可能发生的问题，事先作好通盘的设想，拟定好解决这些问题的办法、方案，用图纸和文件表达出来，作为备料、施工组织工作和各工种在制作、建造工作中互相配合协作的共同依据，便于整个工程得以在预定的投资限额范围内，按照周密考虑的预定方案，统一步调，顺利进行，并使建成的建筑物充分满足使用者和社会所期望的各种要求及用途。

5.1.2 建筑设计师

建筑设计师是指单纯的建筑专业的设计师，简称建筑师。建筑师的主要工作内容为：
（1）根据设计要求完成建筑风格、外形等总体设计；
（2）提供各种建筑主体设计、户型设计、外墙设计、景观设计等；
（3）协助解决施工过程中的各种施工技术问题；
（4）参与建筑规划和设计方案的审查，建筑图纸修改。

5.2　基于 BIM 的建筑设计流程

5.2.1　建筑方案阶段设计流程

方案设计阶段的工作内容主要依据设计条件，建立设计目标与设计环境的基本关系，提出空间架构设想、创意表达形式及结构方式的初步解决方案等，目的是为建筑设计后续若干阶段工作提供依据及指导性的文件。基于 BIM 的建筑方案设计流程如图 5-1 所示。

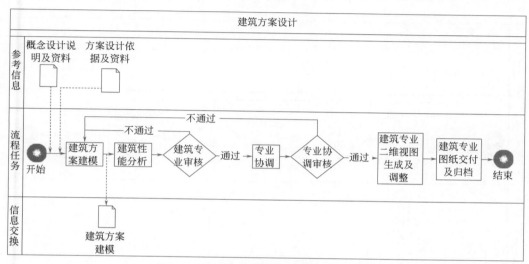

图 5-1　基于 BIM 的建筑方案设计流程图

5.2.2　建筑初步阶段设计流程

在基于 BIM 技术设计模式下，施工图设计阶段的大量工作会前移到初步设计阶段。在工作流程和数据流转方面会有明显的改变，设计效率和设计质量明显提升。基于 BIM 的建筑初步设计流程如图 5-2 所示。

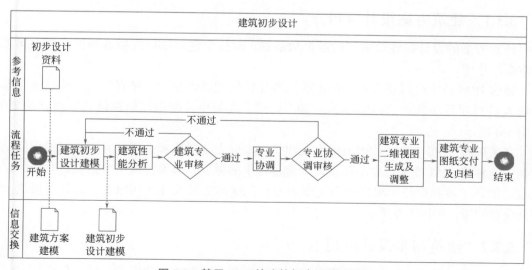

图 5-2　基于 BIM 的建筑初步设计流程图

5.2.3 建筑施工图阶段设计流程

施工图设计是建筑设计的最后阶段。该阶段要解决施工中的技术措施、工艺做法、用料等问题，要为施工安装、工程预算、设备及配件的安装制作等提供完整的图纸依据（包括图纸目录、设计总说明、建筑施工图等）。从工作流程角度来看，由于工作内容主要是对于初步成果的优化，因此流程基本与初步设计流程类似，其设计流程如图 5-3 所示。

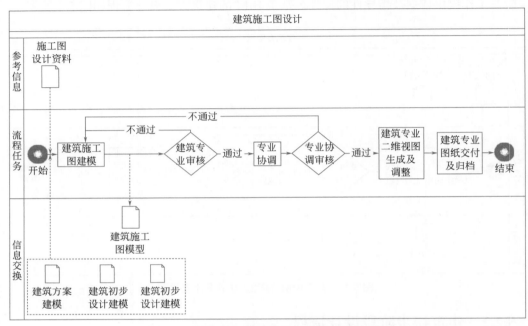

图 5-3　基于 BIM 的建筑施工图阶段设计流程

5.3　基于 BIM 的建筑设计各阶段应用点

5.3.1　建筑方案设计应用点

建筑方案的设计是建筑施工的前提和基础，对整个建筑项目的质量和工程进度起着至关重要的作用。

通过 BIM 技术可以将专业、抽象的二维建筑描述通俗化、三维直观化，使得业主等非专业人员对项目功能性的判断更为明确、高效，决策更为准确，如建筑效果图及动画等，如图 5-4 所示。

在该阶段，利用 BIM 技术可以实现建筑模型的方案对比和选择，并实现对模型的动态更新，这种将 BIM 技术贯穿于建筑设计全过程中的做法，大大提高了方案设计阶段的工作效益，加强了不同设计小组之间的交流和合作，推动建筑设计从初级绘图设计阶段进入到辅助设计阶段，如图 5-5 所示。

5.3.2　建筑初步设计应用点

在初步设计阶段，BIM 技术和建筑设计的融合，可以快速地实现二维工作图纸和三维建筑模型的转换，实现平面和立体之间的无缝对接。

图 5-4　建筑效果图

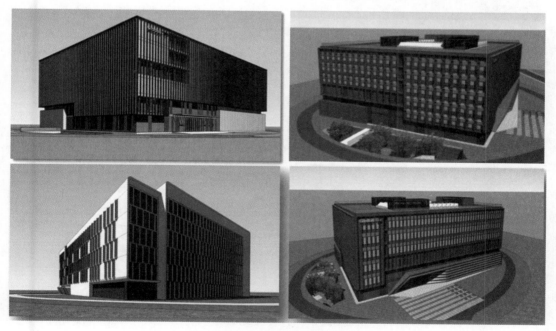

图 5-5　建筑模型方案对比和选择

　　利用 BIM 技术，可以方便快捷地进行实际建筑构件的添加，如门、窗户、墙体、楼梯等对象，并且快速地观察到不同视图设置下、不同构件组合后的效果图，如图 5-6 所示。这种虚实对照的比较和查看，大大提高了建筑设计的合理性和可行性。

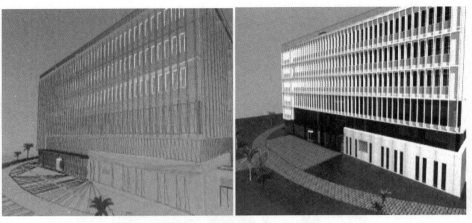

图 5-6　建筑构件的添加

在该阶段，BIM 技术为建筑性能分析的普及应用提供了可能。基于 BIM 的建筑性能优化分析可包含建筑能耗模拟、室内采光模拟、风环境模拟、小区热环境模拟、建筑环境噪声模拟等各类模拟分析。图 5-7 为风环境模拟图。

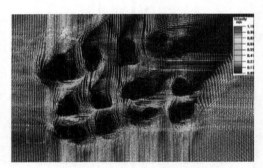

（a）人行区域风速分布一（夏季）

（b）人行区域风速分布二（夏季）

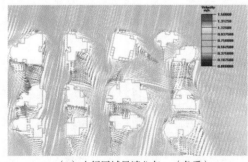

（c）人行区域风速分布一（冬季）

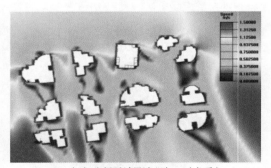

（d）人行区域风速分布二（冬季）

图 5-7　风环境模拟图

在该阶段，针对大型公共建筑设计，室内人员的安全疏散时间是防火设计的一项重要指标。安全疏散时间受室内人员数量、密度、人员年龄结构、疏散通道宽度等多方面的影响，简单的计算方法已经不能满足现代建筑设计的安全要求。BIM 技术为安全疏散的计算和模拟提供了支持，疏散模拟效果如图 5-8 所示。

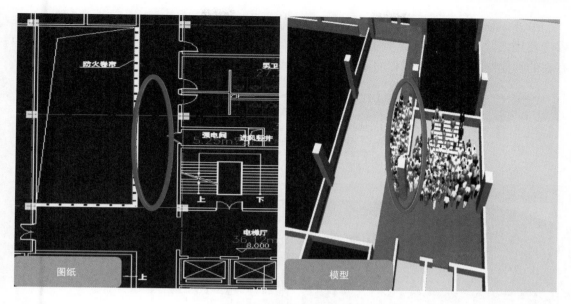

图 5-8 疏散模拟效果图

5.3.3 建筑施工图设计应用点

在完成建筑方案设计和初步设计工作之后，可以进入到建筑设计的最后阶段，即建筑施工图设计阶段。

在该阶段，利用 BIM 技术可以针对建筑或者以建筑专业为主文件的模型进行碰撞检查，及时发现、调整、优化各类问题，保证建筑模型的交付质量，为后续其他专业工作开展奠定基础。碰撞检查如图 5-9 所示。

序号	难易程度	碰撞数量	描述
1	简单	811	不影响整体系统设计，可自行调整
2	中等	128	与设计有关的碰撞，需机电设计方调整
3	严重	13	需要建筑、结构和机电共同调整设计
4	合计	952	

图 5-9 碰撞检查

　　另外，利用 BIM 技术还可以统计各类建筑构件的数量，这些数据可被商务部、物资部参考使用，并且清单统计的功能也可辅助建筑设计师校验图纸中构件的数量，以及图纸中存在的其他绘图问题。某工程的建筑统计表如图 5-10 所示。

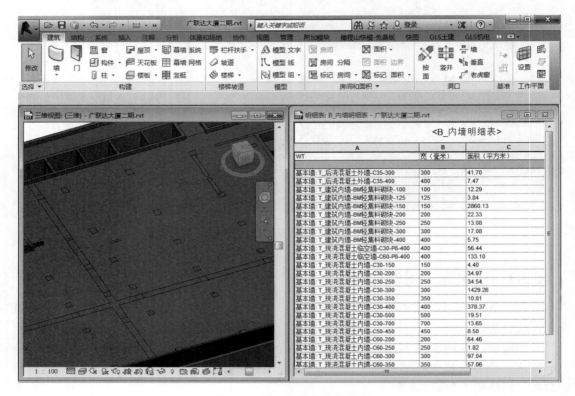

图 5-10　某工程的建筑统计表

　　除此之外，利用 BIM 技术还可以完成对建筑构件的最终完善和相关平面、立面、剖面的出图工作，并在施工图纸上明确标记建筑构件的具体尺寸，最后完成施工图的绘制工作。此外，利用 BIM 技术还可以在三维建筑模型效果图上增加相应的材质，从而使项目审核人能够从视觉上感受到整个建筑的形式风格。

5.4　案例展示

　　本节将以《BIM 算量一图一练》专用宿舍楼为案例，以逆向翻模为原则，以 Revit 2016软件为基础，结合给定的初始模型文件，讲解整个建筑建模创建的流程，对创建过程中的图纸和软件结合分析，帮助读者更好地完成此模型。

5.4.1　案例过程及成果展示

　　（1）建筑建模流程。结合前面的建筑设计基础知识，通过对专用宿舍楼的建筑图纸分析，得到专用宿舍楼项目建筑部分创建的流程如图 5-11 所示。

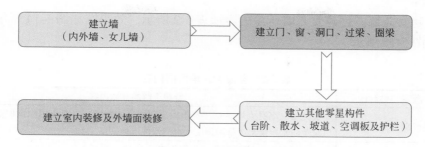

图 5-11　专用宿舍楼项目建筑部分创建的流程图

（2）创建墙体。创建墙体所需内容如表 5-1 所示，效果如图 5-12 所示，建模视频二维码如图 5-13 所示。

表 5-1　创建墙体所需内容

序号	学习内容	所需了解的具体内容
1	业务知识	墙体主要包括承重墙与非承重墙，主要起围护、分隔空间的作用。以墙为承重结构建筑的墙体，承重与围护合一，骨架结构体系建筑墙体的作用是围护与分隔空间
2	图纸信息	（1）建立内外墙模型前，先根据专用宿舍楼图纸查阅内外墙构件的尺寸、定位、属性等信息，保证内外墙模型布置的正确性； （2）根据图纸"建施-03"中"一层平面图"、图纸"建施-04"中"二层平面图"、图纸"建施-05"中"屋顶层平面图"可知内外墙构件的平面定位信息以及内外墙的构件类型信息； （3）图纸提示如下：±0.000 以上墙体均为 200mm 厚加气混凝土砌块，其中南北面的外墙部分为 300mm 厚（除宿舍卫生间、楼梯间、门厅所在的外墙外，其他均为 300mm 厚），宿舍卫生间隔墙为 100mm 厚加气混凝土砌块。屋顶层墙体均为 200mm 厚加气混凝土砌块（CAD 测量）
3	软件操作	（1）学习使用"墙：建筑"命令创建内外墙； （2）学习使用"对齐"命令修改内外墙位置； （3）学习使用"不允许连接"命令断开墙体关联性； （4）学习使用"过滤器"、"复制到剪贴板"、"粘贴"、"与选定的标高对齐"等命令快速创建全楼内外墙

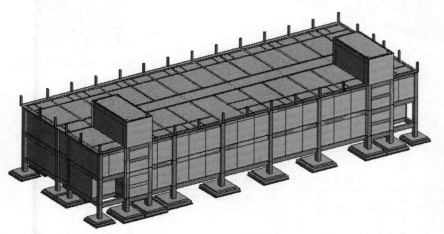

图 5-12　墙体创建效果图

图 5-13　墙体创建视频
二维码

（3）创建女儿墙。创建女儿墙所需内容如表 5-2 所示，效果图如图 5-14 所示，建模视频二维码如图 5-15 所示。

表 5-2　创建女儿墙所需内容

序号	学习内容	所需了解的具体内容
1	业务知识	女儿墙又名孙女墙，是建筑物屋顶四周围的矮墙，主要作用除维护安全外，还可以避免防水层渗水或是屋顶雨水漫流侵蚀墙体
2	图纸信息	（1）建立女儿墙模型前，先根据专用宿舍楼图纸查阅女儿墙构件的尺寸、定位、属性等信息，保证女儿墙模型布置的正确性； （2）根据"结施 -04"中大样图可知 QL1 尺寸为 200mm×200mm，则女儿墙墙厚为 200mm； （3）根据"结施 -04"中大样图可知屋顶层女儿墙底部高度为 7.200m，顶部高度为 8.700m，减去 QL1 的高度 200mm，也就是女儿墙顶部高度为 8.500m； （4）根据"建施 -06"中"14-1 立面图和 1-14 立面图"、"建施 -10"中⑤大样图可知楼梯屋顶层女儿墙底标高为 10.800m，顶标高为 11.500m（11.500～11.700m 为圈梁标高）； （5）根据"建施 -05"中"屋顶层平面图"可知女儿墙的平面布置位置
3	软件操作	（1）学习使用"墙：建筑"命令创建女儿墙； （2）学习使用"对齐"命令修改女儿墙位置

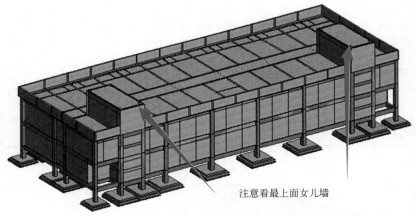

注意看最上面女儿墙

图 5-14　女儿墙创建效果图

图 5-15　女儿墙创建视频二维码

（4）创建圈梁。创建圈梁所需内容如表 5-3 所示，效果图如图 5-16 所示，建模视频二维码如图 5-17 所示。

表 5-3　创建圈梁所需内容

序号	学习内容	所需了解的具体内容
1	业务知识	（1）圈梁一般布置在房屋的檐口、窗顶、楼层、吊车梁顶或基础顶面标高处； （2）圈梁通常是沿砌体墙水平方向设置的封闭状的带有构造配筋的混凝土梁式构件

序号	学习内容	所需了解的具体内容
2	图纸信息	（1）建立圈梁模型前，先根据专用宿舍楼图纸查阅圈梁构件的尺寸、定位、属性等信息，保证圈梁模型布置的正确性； （2）圈梁位于女儿墙顶部，平面位置与女儿墙一致； （3）根据"结施-04"中大样图可知 QL1 尺寸为 200mm×200mm，女儿墙底部高度为 7.200m，顶部高度为 8.700m，QL1 的高度 200mm，也就是屋顶层 QL1 的标高为 8.500～8.700m； （4）根据"建施-06"中"14-1 立面图和 1-14 立面图"、"建施-10"中⑤大样图可知楼梯屋顶层 QL1 的标高为 11.500～11.700m； （5）根据"结施-01"中"混凝土强度等级"表格可知，圈梁的混凝土强度等级为 C25
3	软件操作	（1）学习使用"梁"命令创建圈梁； （2）学习使用"选择全部实例-在视图中可见"勾选圈梁

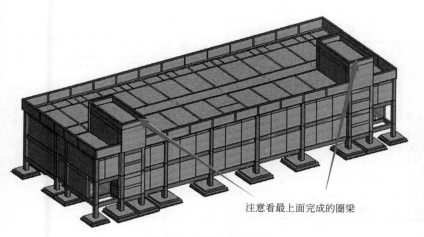

注意看最上面完成的圈梁

图 5-16　圈梁创建效果

图 5-17　圈梁创建视频二维码

（5）创建门。创建门所需内容如表 5-4 所示，效果图如图 5-18 所示，建模视频二维码如图 5-19 所示。

表 5-4　创建门所需内容

序号	学习内容	所需了解的具体内容
1	业务知识	门是指建筑物的出入口或安装在出入口能开关的装置，是分割有限空间的一种实体，它的作用是可以连接和关闭两个或多个空间的出入口
2	图纸信息	（1）建立门模型前，先根据专用宿舍楼图纸查阅门构件的尺寸、定位、属性等信息，保证门模型布置的正确性； （2）根据"建施-03"中"一层平面图"、"建施-04"中"二层平面图"、"建施-05"中"屋顶层平面图"可知门构件的平面定位信息； （3）根据"建施-09"中"门窗表及门窗详图"可知门构件的尺寸及样式信息
3	软件操作	（1）学习使用"门"命令创建门； （2）学习使用"建筑：墙"下拉菜单下的"幕墙"命令创建幕墙； （3）学习使用"全部标记"命令标记门构件

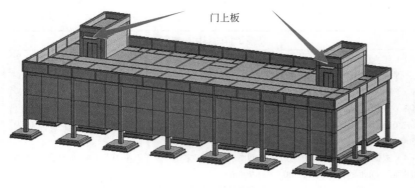

门上板

图 5-18　门创建效果图

图 5-19　门创建视频二维码

（6）创建窗。创建窗所需内容如表 5-5 所示，效果图如图 5-20 所示，建模视频二维码如图 5-21 所示。

表 5-5　创建窗所需内容

序号	学习内容	所需了解的具体内容
1	业务知识	（1）窗户在建筑学上是指墙或屋顶上建造的洞口，可以使光线或空气进入室内； （2）现代的窗由窗框、玻璃和活动构件（铰链、执手、滑轮等）三部分组成
2	图纸信息	（1）建立窗模型前，先根据专用宿舍楼图纸查阅窗构件的尺寸、定位、属性等信息，保证窗模型布置的正确性； （2）根据"建施-03"中"一层平面图"、"建施-04"中"二层平面图"、"建施-05"中"屋顶层平面图"可知窗构件的平面定位信息； （3）根据"建施-09"中"门窗表及门窗详图"可知窗构件的尺寸及样式信息
3	软件操作	（1）学习使用"窗"命令创建窗； （2）学习使用"全部标记"命令标记窗构件； （3）学习使用"栏杆扶手"命令创建窗护栏

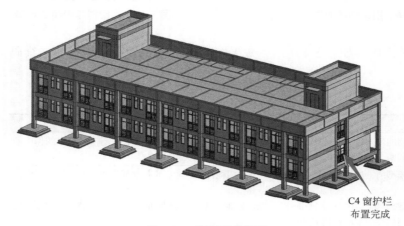

C4 窗护栏
布置完成

图 5-20　窗创建效果图

图 5-21　窗创建视频二维码

（7）创建洞口。创建洞口所需内容如表 5-6 所示，效果图如图 5-22 所示，建模视频二维码如图 5-23 所示。

（8）创建过梁。创建过梁所需内容如表 5-7 所示，效果图如图 5-24 所示，建模视频二维码如图 5-25 所示。

表 5-6　创建洞口所需内容

序号	学习内容	所需了解的具体内容
1	业务知识	建筑洞口是指预留的洞口，包括窗户、门口、水电预留管道口、天窗等
2	图纸信息	（1）建立洞口模型前，先根据专用宿舍楼图纸查阅洞口构件的尺寸、定位、属性等信息，保证洞口模型布置的正确性； （2）根据"建施-03"中"一层平面图"、"建施-04"中"二层平面图"可知洞口构件的平面定位信息； （3）根据"建施-09"中"门窗表及门窗详图"可知洞口构件的尺寸及洞高信息
3	软件操作	（1）学习使用"定向到视图"命令定位到任意视图； （2）学习使用"编辑轮廓"命令在墙体上开洞

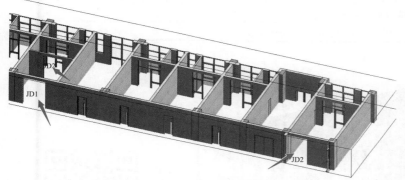

图 5-22　洞口创建效果图

图 5-23　洞口创建视频二维码

表 5-7　创建过梁所需内容

序号	学习内容	所需了解的具体内容
1	业务知识	通常设置在门窗洞口上的横梁，称为过梁
2	图纸信息	（1）建立过梁模型前，先根据专用宿舍楼图纸查阅过梁构件的尺寸、定位、属性等信息，保证过梁模型布置的正确性； （2）根据"结施-01"中"图 7.6.3 过梁截面图"可知过梁构件的尺寸信息。梁长为洞宽加 250mm，梁宽同墙宽，梁高为 120mm，即过梁的长度等于过梁下的门窗洞口的长度加 250mm，宽度等于门窗洞口所依附的墙的宽度； （3）根据"建施-07"中"1-1 剖面图"可知门窗洞口上确实有过梁
3	软件操作	门窗洞口上设置横梁，该梁称为过梁

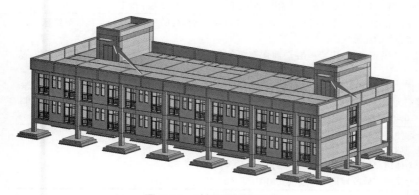

图 5-24　过梁创建效果图

图 5-25　过梁创建视频二维码

（9）创建台阶。创建台阶所需内容如表 5-8 所示，效果图如图 5-26 所示，建模视频二维码如图 5-27 所示。

表 5-8　创建台阶所需内容

序号	学习内容	所需了解的具体内容
1	业务知识	台阶一般是指用砖、石、混凝土等筑成的一级一级供人上下的建筑物，多在大门前或坡道上
2	图纸信息	（1）建立台阶模型前，先根据专用宿舍楼图纸查阅台阶构件的尺寸、定位、属性等信息，保证台阶模型布置的正确性； （2）根据"建施 -03"中"一层平面图"可知台阶构件的平面定位信息； （3）根据"建施 -10"中"室外台阶"可知台阶为三级，每个踏步为 150mm 高，300mm 宽，混凝土强度等级为 C15
3	软件操作	学习使用"楼板：建筑"命令创建台阶

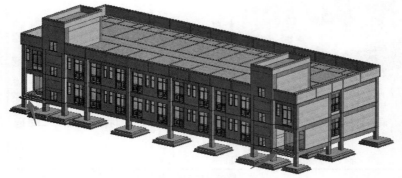

图 5-26　台阶创建效果图

图 5-27　台阶创建视频二维码

（10）创建散水。创建散水所需内容如表 5-9 所示，效果图如图 5-28 所示，建模视频二维码如图 5-29 所示。

表 5-9　创建散水所需内容

序号	学习内容	所需了解的具体内容
1	业务知识	（1）散水是与外墙勒脚垂直交接倾斜的室外地面部分； （2）设置散水的目的是使建筑物外墙勒脚附近的地面积水能够迅速排走
2	图纸信息	（1）建立散水模型前，先根据专用宿舍楼图纸查阅散水构件的尺寸、定位、属性等信息，保证散水模型布置的正确性； （2）根据"建施 -03"中"一层平面图"可知散水构件的平面定位信息，散水宽度为900mm； （3）根据"建施 -10"中"室外散水"可知散水为 70 mm 厚 C15 混凝土，坡度为 5%，混凝土强度等级为 C15，散水底部 80 mm 厚压实碎石的顶部与"建施 -07"中"1-1 剖面图"右侧室外地坪 -0.450m 的顶部标高相同，也就是散水的底部标高也为 -0.450m
3	软件操作	（1）学习使用"轮廓族"命令创建散水族； （2）学习使用"墙饰条"命令载入散水族； （3）学习使用"墙饰条"命令沿墙布置散水构件； （4）学习使用"修改转角"、"连接几何图形"命令完善散水构件

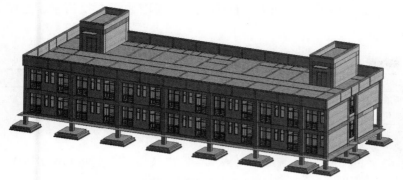

图 5-28　散水创建效果图

图 5-29　散水创建视频二维码

（11）创建坡道。创建坡道所需内容如表 5-10 所示，效果图如图 5-30 所示，建模视频二维码如图 5-31 所示。

表 5-10　创建坡道所需内容

序号	学习内容	所需了解的具体内容
1	业务知识	坡道是连接高差地面或者楼面的斜向交通通道，方便行走设置
2	图纸信息	（1）建立坡道模型前，先根据专用宿舍楼图纸查阅坡道构件的尺寸、定位、属性等信息，保证坡道模型布置的正确性； （2）根据"建施 -03"中"一层平面图"可知坡道构件的平面定位信息及坡道宽度为 1200mm； （3）根据"建施 -07"中"F-A（A-F）立面图"可知坡道起点标高为 -0.450m，终点标高为首层标高 ±0.000m； （4）根据"建施 -11"中"无障碍坡道断面图"可知坡道混凝土强度等级为 C15，坡道板厚度为 70mm
3	软件操作	（1）学习使用"楼板：建筑"命令创建坡道构件； （2）学习使用"坡度箭头"命令创建带坡度的坡道； （3）学习使用"栏杆扶手"命令创建坡道栏杆； （4）学习使用"拾取新主体"命令修正坡道栏杆； （5）学习使用"编辑扶手结构"命令修正坡道扶栏间距及高度

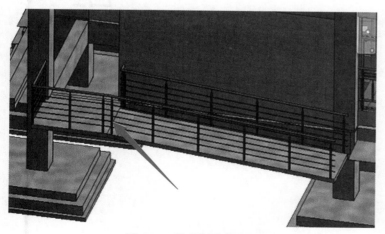

图 5-30　坡道创建效果图

图 5-31　坡道创建视频二维码

（12）创建空调板。创建空调板所需内容如表 5-11 所示，效果图如图 5-32 所示，建模视频二维码如图 5-33 所示。

表 5-11　创建空调板所需内容

序号	学习内容	所需了解的具体内容
1	业务知识	（1）空调板就是附设在外墙面上外伸的混凝土板，用于安放空调室外机； （2）空调护栏起到保护室外空调机的作用
2	图纸信息	（1）建立空调板模型前，先根据专用宿舍楼图纸查阅空调板构件的尺寸、定位、属性等信息，保证空调板模型布置的正确性； （2）根据"建施 -03"中"一层平面图"、"建施 -04"中"二层平面图"可知空调板构件的平面定位信息（在所有的 C3 窗位置外侧）； （3）根据"建施 -06"中"14-1 立面图和 1-14 立面图"（CAD 测量）可知空调板厚度为 100mm； （4）根据"建施 -07"中"F-A（A-F）立面图"（CAD 测量）可知空调板厚度为 100mm，首层空调板板顶标高为 ±0.000m，二层空调板板顶标高为 ±3.600m； （5）图纸中未标注空调板混凝土强度等级，初步设定与楼层结构板一致，为 C30
3	软件操作	（1）学习使用"楼板：建筑"命令创建空调板； （2）学习使用"栏杆扶手"命令创建空调护栏

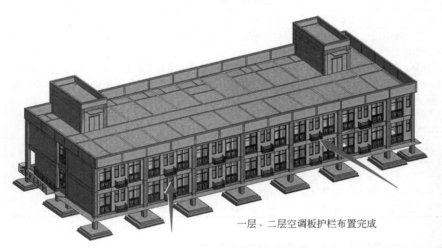

一层、二层空调板护栏布置完成

图 5-32　空调板创建效果图

图 5-33　空调板创建
视频二维码

第6章

结构设计

 学习目标

1. 掌握结构设计过程：建模、计算、施工图绘制和装配式深化设计
2. 了解 Revit 结构 BIM 正向设计过程
3. 通过实际训练，完成框架结构的正向设计

6.1 结构设计基础知识

6.1.1 结构设计各阶段简介

（1）初步设计阶段。初步设计阶段结构专业主要根据建筑专业提供达到一定深度的方案模型，进行各项指标的确定，进行结构布置、方案比选、确定截面、计算及调整。并根据详勘结果进行基础选型和布置。本阶段要求完成各层结构模板图和基础布置平面图。

（2）施工图阶段。施工图阶段结构专业主要根据初步设计阶段结构模型和建筑专业提资的设计模型，完成施工图设计和预制构件的初步设计。本阶段要求完成各层结构钢筋图和预制构件布置图。

（3）深化阶段。深化阶段结构专业主要利用施工图阶段的模型和预制构件模型，链接整体模型，并进行碰撞检查，优化钢筋和节点的布置。要求完成预制构件加工图。

6.1.2 墙柱梁板的布置和截面尺寸

墙柱梁板的布置和截面尺寸有以下要求：

（1）满足建筑功能的需求；

（2）满足规范要求；

（3）传力路径应简单和直接；

（4）质量分布和刚度变化宜均匀，以减少结构扭转；

（5）认识薄弱部位，予以加强；

（6）剪力墙厚度和长度基本按层位移和表 6-1 规定的轴压比控制；

表 6-1　剪力墙轴压比限制

抗震等级	一级（9度）	一级（6、7、8度）	二级	三级
剪力墙	0.4	0.5	0.6	0.6
短肢剪力墙	—	0.45	0.5	0.55
一字型短肢剪力墙	—	0.35	0.4	0.45

（7）柱截面尺寸基本按层位移和表 6-2 规定得轴压比控制；

表 6-2　柱轴压比限值

结构体系	剪跨比及混凝土等级	抗震等级			
		一级	二级	三级	四级
框架结构	剪跨比 >2 且混凝土等级 ≤ C60	0.65	0.75	0.85	0.90
	剪跨比 ≤ 2 或混凝土等级 C65、C70	0.60	0.70	0.80	0.85
	混凝土等级 C75、C80	0.55	0.65	0.75	0.80
框架 - 剪力墙筒体结构	剪跨比 >2 且混凝土等级 ≤ C60	0.75	0.85	0.90	0.95
	剪跨比 ≤ 2 或混凝土等级 C65、C70	0.70	0.80	0.85	0.90
	混凝土等级 C75、C80	0.65	0.75	0.80	0.85
部分框支剪力墙结构	剪跨比 >2 且混凝土等级 ≤ C60	0.60	0.70		
	剪跨比 ≤ 2 或混凝土等级 C65、C70	0.55	0.65	—	
	混凝土等级 C75、C80	0.50	0.60		

（8）梁高可参考表 6-3 取值，梁高应大于 2 倍板厚，否则应考虑梁轴向变形，常用梁高有 250 mm、300 mm、400 mm、500 mm、600 mm、700 mm、800 mm、900 mm、1000 mm；

表 6-3　梁截面高度（L 为梁的计算跨度，井字梁为短跨）

分类	梁截面高度
简支梁	$(1/12 \sim 1/16)L$
连续梁	$(1/12 \sim 1/20)L$
单向密肋梁	$(1/18 \sim 1/22)L$
井字梁	$(1/15 \sim 1/20)L$
悬挑梁	$(1/5 \sim 1/7)L$
转换梁	有抗震设防 $(1/8)L$

（9）双向板一般取楼板净跨的 1/30 ～ 1/40，单向板一般取楼板净跨的 1/25 ～ 1/30，双向板相对单向板要经济。屋面板最小厚度取 120mm。

6.1.3　墙柱梁板荷载的确定

结构设计荷载按表 6-4 取值。

表 6-4　结构设计荷载表

荷载功能分区		楼面附加恒荷载	楼面活荷载
楼面荷载 /（kN/m²）	卫生间	6.0	根据《建筑结构荷载规范》（GB 50009—2012）取值
	门厅、走道、大厅、卧室、客厅、厨房、阳台	1.5	
	楼梯	2.0	
	天面	4.0	
	其他未注明功能区域	1.5	2.0

续表

荷载功能分区		楼面附加恒荷载	楼面活荷载
屋面荷载 /（kN/m²）	—	3.0	按上人屋面设计
线荷载	外墙荷载	按 3.2 kN/m² 乘墙净高计算	
	内墙荷载（不区分墙厚）	按 2.8 kN/m² 乘墙净高计算	
	阳台栏杆荷载	3.0 kN/m	

说明：1. 软件录入时，构件自重由程序自动计算；

　　　2. 线荷载应按建筑层高扣除梁高计算，不考虑门窗洞口的荷载折减

6.1.4　结构计算

采用空间有限元分析计算楼层的控制指标和墙柱梁板内力（轴力、弯矩和剪力）。

6.1.5　楼层的控制指标

结构的地震作用下水平位移不能太大，采用最大层间位移角来控制结构位移，层间位移角为柱顶水平位移和层高之比，应满足表 6-5 的要求。

表 6-5　层间位移角限值表

结构类型	层间位移角 $[\theta_e]$ 限值
钢筋混凝土框架	1/550
钢筋混凝土框架 - 抗震墙、板柱 - 抗震墙、框架 - 核心筒	1/800
钢筋混凝土抗震墙、筒中筒	1/1000
钢筋混凝土框支层	1/1000
多、高层钢结构	1/250

6.1.6　墙柱梁板的控制指标

根据墙柱梁板的内力，进行如下构件的截面计算：

（1）正截面承载力计算配筋面积；

（2）斜截面承载力计算箍筋；

（3）满足规范构造要求。

6.1.7　墙柱梁板的施工图

（1）柱施工图的表示法。柱施工图有如下 4 种表示法：平法、国标柱表、广东柱表和柱大样表。

1）平法。在平面图上原位置表示纵筋和箍筋，其他相同的柱编号相同。

2）国标柱表。在平面图上相同的柱编相同的编号，另绘制柱表。

3）广东柱表。在平面图上相同的柱编相同的编号，另绘制柱表，该方法在广东省设计单位中常用。

4）柱大样表。常用于高层剪力墙结构，柱布置比较少时，柱大样表与剪力墙暗柱表相同。图 6-1 为柱施工图的 4 种表示方法。

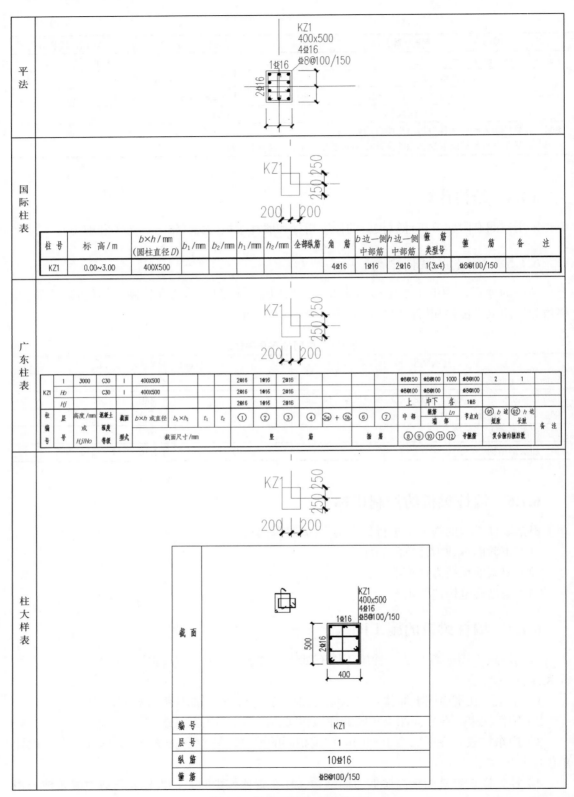

图 6-1 柱施工图的 4 种表示法

（2）梁施工图的表示法。梁的施工图说明参见《混凝土结构施工图平面整体表示方法制图规则和构造详图（现浇混凝土框架、剪力墙、梁、板）》（16G 101—1），平法标注如图 6-2 所示，其主要内容有：

1）梁钢筋分两部分。集中标注和原位标注；

2）集中标注。编号、截面尺寸、箍筋、贯通筋、架立筋和腰筋；

3）原位标注。与集中标注不同的截面尺寸和钢筋在梁的原位置标注；

4）梁编号。同一平面中跨数、跨度、截面尺寸和钢筋相同的梁编同一编号，KL2（3A）表示 2 号框架梁，3 跨，有一端悬臂；

5）梁箍筋。包含加密区和非加密区箍筋，Φ8@100/200(4) 表示加密区箍筋 Φ8@100，非加密区箍筋 Φ8@200，两个区域都是 4 肢箍；

6）梁贯通和架立筋。包含梁贯通纵向钢筋和用于绑箍筋布置的架立纵向钢筋，2Φ20+（2Φ12）表示梁跨中截面角部 2Φ20 贯通，在加 2Φ12 架立纵向钢筋，括号表示是架立筋，无括号表示是贯通筋；

7）梁腰筋。指梁侧边纵向钢筋，G4Φ10 表示每侧 2Φ10，G 表示构造的腰筋，N 表示抗扭的腰筋；

8）原位面筋和底筋。原位表示的是总的面筋和总的底筋，2Φ20+2Φ25 表示 2Φ20 贯通筋，2Φ25 为支座短筋，左右净伸出长度为左右净跨度的 1/3；

9）悬臂梁。根部截面尺寸 400mm×700mm，端部高 600mm，全长面筋 2Φ20+2Φ16，底筋 4Φ14，箍筋 Φ8@150(4)；

10）密箍和吊筋。交叉梁产生的集中力作用下要布置密箍或吊筋，一般优先布置密箍，不够时再布置吊筋。

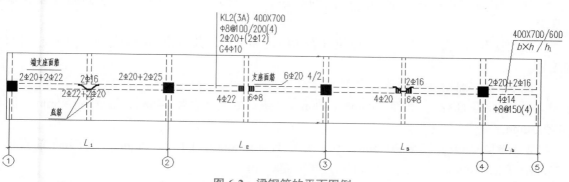

图 6-2　梁钢筋的平面图例

（3）板施工图的表示法。板钢筋有 3 种类型：板底钢筋、板边的支座钢筋和跨板的贯通面筋。表示法如图 6-3 所示。

1）B1 板 X 向底筋 Φ8@200，B1 板和 B2 板 Y 向底筋 Φ8@200 贯通，B2 板为单向板，长向未注明底筋为 Φ8@200；

2）B1 板三边支座钢筋 Φ8@200 长度 1150mm，另一边与 B2 板形成跨板的贯通面筋 Φ10@180，从梁中线伸入板 1050mm，B2 板其他两边支座钢筋 Φ8@200 长度为 550mm；

3）图 6-4 为屋面板施工图，图中规范部分面筋贯通，XY 向面筋 Φ8@200 双向贯通，显示的面筋为附加面筋。

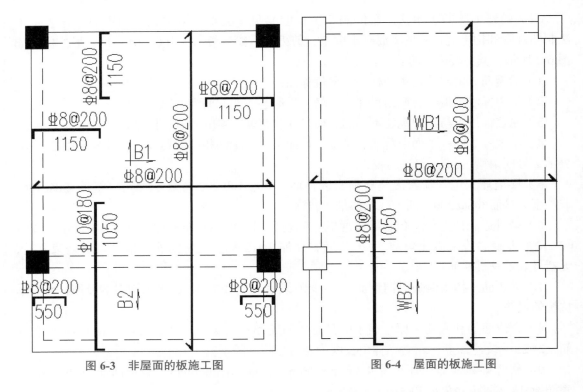

图 6-3　非屋面的板施工图　　　　　图 6-4　屋面的板施工图

（4）墙施工图的表示法。剪力墙施工图通常采用两种表示法：列表注写方式和截面注写方式，如图 6-5 所示（见下页）。

列表注写方式：在平面图上相同的暗柱和墙身编相同的编号，另绘制暗柱表和墙身表。

截面注写方式：在平面图上原位置表示纵筋和箍筋，其他相同的暗柱和墙身编相同的编号。

图 6-5 中各部分含义如下：

1）暗柱号 GBZ1，截面 200mm×400mm，纵筋 6 根，直径 14mm，箍筋直径 8mm，间距 150mm；

2）墙身号 Q1，厚度 200mm，水平分布筋直径 8mm，间距 200mm，垂直分布筋直径 25mm，间距 100mm，拉筋直径 8mm，间距 600mm；

3）连梁编号 LL1，截面 200mm×500mm，箍筋两肢箍，直径 8mm，间距 100mm，面筋和底筋两根 14mm 贯通，侧向各两根 10mm 腰筋。

6.1.8　装配深化设计

装配式深化设计包括模型深化设计和构件深化设计。

初步设计、施工图设计、深化设计、制造和施工阶段要完成如图 6-6 所示的装配式三维施工模型，进行装配式模型深化设计，如图 6-7～图 6-9 所示。

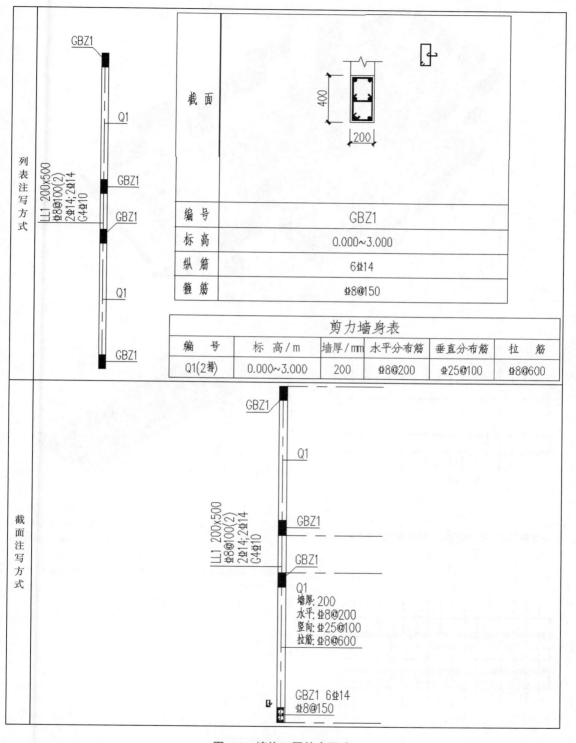

图6-5 墙施工图的表示法

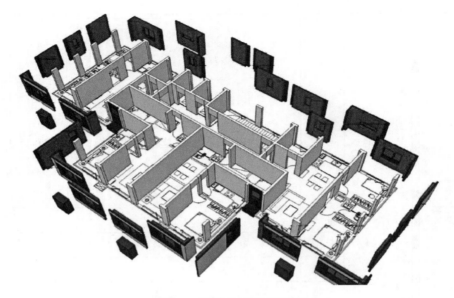

图 6-6　装配式三维施工模型

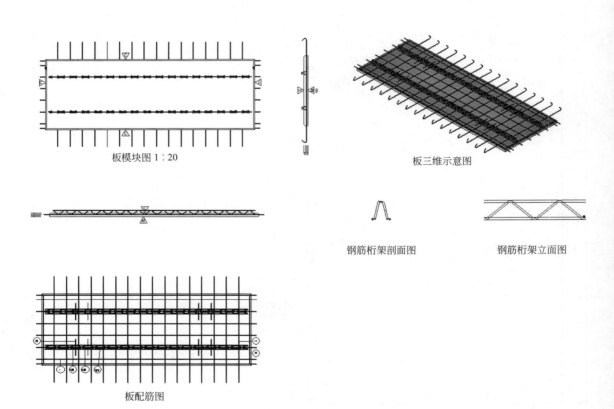

板模块图 1∶20

板三维示意图

钢筋桁架剖面图

钢筋桁架立面图

板配筋图

图 6-7　叠合板加工图

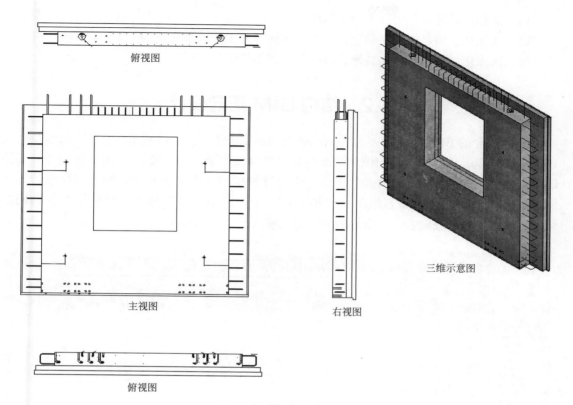

俯视图

主视图

右视图

三维示意图

俯视图

图 6-8　预制墙模板图

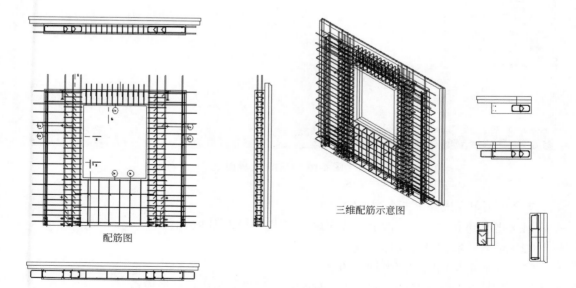

配筋图

三维配筋示意图

图 6-9　预制墙配筋图

构件深化设计过程分为以下两个阶段。

第一次深化：满足规范、制造、施工和运输等要求，绘制构件加工图。

第二次深化：配合机电和装修，修改并形成最终的加工图。

6.2 结构 BIM 正向设计

设计行业的 BIM 设计大多选择 Autodesk Revit 软件平台，故在 Revit 中结构模型需满足可直接建模、计算、自动出图和装配深化设计等基本要求。广厦结构 BIM 正向设计系统 GSRevit 包括了模型及荷载输入、生成有限元计算模型、自动成图和装配式深化设计等功能。GSRevit 为 Revit 增加了如图 6-10 所示的 7 个子菜单：模型导入、结构信息、轴网轴线、构件布置、荷载输入、模型导出和装配式输入。

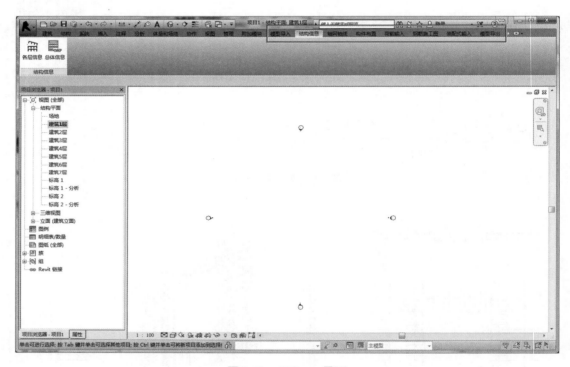

图 6-10 GSRevit 界面

7 个子菜单完成如下 7 个主要功能：

（1）把已建立的广厦、PKPM 或 YJK 计算模型导入到 Revit；

（2）输入各层信息和总体信息；

（3）完成正交轴网和圆弧轴网的输入；

（4）按轴线布置和按两点布置墙、柱和梁，以梁墙为边自动形成板；

（5）输入墙柱梁板上的 10 种常用荷载工况、16 种荷载类型和 6 个荷载方向；

（6）指定叠合板、叠合梁、预制柱和预制墙编号、用于装配式结构计算，进行装配深化设计；

（7）导出计算模型用于广厦 GSSAP 计算。

结构 BIM 正向设计可做到一模七用，即只建立 1 次模型，结构设计人员初步设计时建立三维模型，平面剖切形成模板图用于初步设计，添加荷载即可用于结构计算，再添加钢筋信息绘制施工图，三维模型直接用于碰撞检查，最后对模型进行算量计算、施工和运营维护模型，如图 6-11 所示。

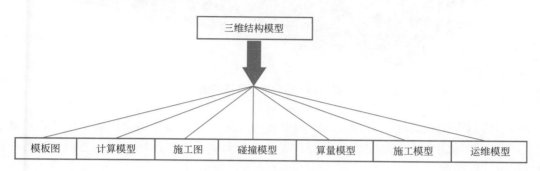

图 6-11　正向设计的流程图

结构 BIM 应用的实现流程如图 6-12 所示。

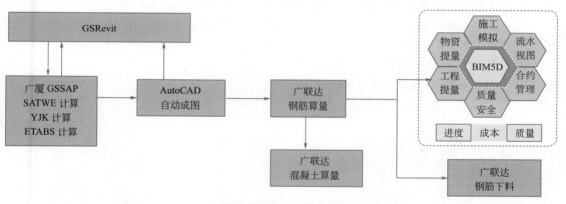

图 6-12　结构 BIM 应用的实现流程图

6.3　案例展示

6.3.1　专用宿舍楼结构模型介绍

4 层宿舍楼工程概况如下：1 个地梁层、2 个普通楼层和 1 个楼梯间层。工程总建筑面积 1732.48m²，基底面积 836.24 m²。本工程地上主体共两层，二层层高为 3.6m，楼梯间层高为 4.5m，采用现浇钢筋混凝土框架结构。抗震设防烈度为 7 度，抗震等级为三级。宿舍楼三维结构图如图 6-13 所示。

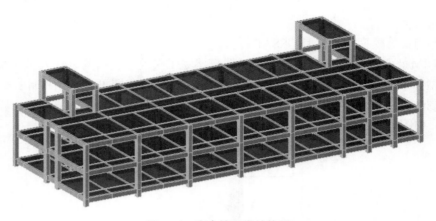

图 6-13　宿舍楼三维结构图

本节将以专用宿舍楼为案例、以正向设计为原则，通过图文结合讲解整个结构设计建模的流程，帮助读者更好地完成此模型。并且章节末尾设置二维码，读者可扫描进行在线视频学习软件操作。

6.3.2　案例过程及成果展示

（1）宿舍楼结构 BIM 设计操作流程。宿舍楼结构 BIM 设计分以下五步，如图 6-14 所示。

1）GSRevit 建模；

2）GSSAP 计算；

3）绘制梁柱板的钢筋施工图（在 AutoCAD 和 Revit 中）；

4）掌握结构施工图和钢筋算量软件的接口；

5）完成钢筋算量。

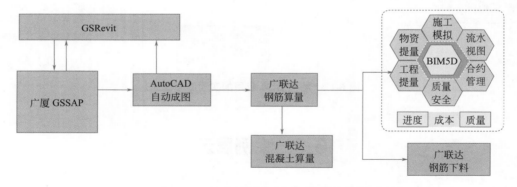

图 6-14　宿舍楼结构 BIM 设计流程图

（2）结构模型输入。双击桌面图标，启动广厦建筑结构 CAD 软件，出现图 6-15 所示主控菜单，点击【新建工程】。

在弹出的对话框中选择或新建要存放工程的文件夹：C:\GSCAD\EXAM，并输入工程名：ww，保存即可，如图 6-16 所示。

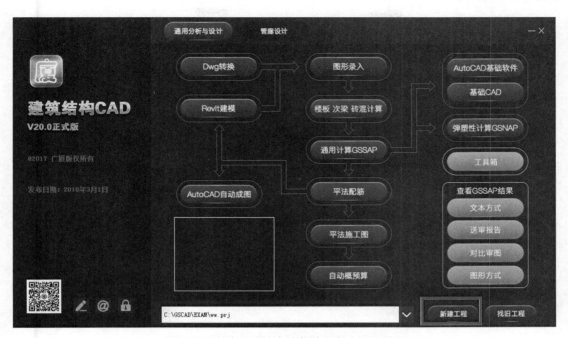

图 6-15　在广厦结构主控菜单下点击新建工程

图 6-16　工程文件对话框

点击"Revit 建模"，启动 Revit，如图 6-17 所示。

点击"结构样板"，进入 Revit 图形界面，如图 6-18 所示。

1）建立结构模型的 5 个步骤。结构模型建立大致分为以下五步，建模结构如图 6-19 所示。

①信息：填写各层信息和总体信息；

BIM 全过程项目综合应用

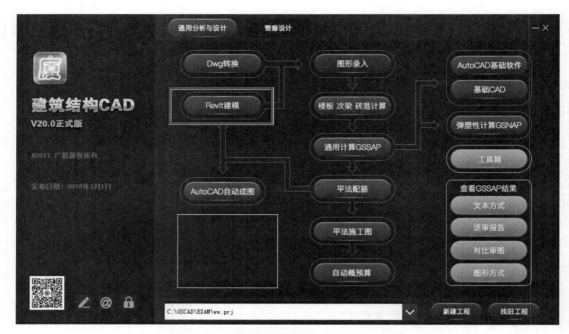

图 6-17　在广厦结构主控菜单点击 Revit 建模

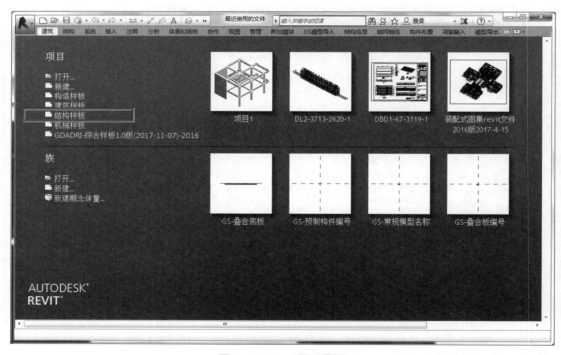

图 6-18　Revit 图形界面

② 轴线：输入轴线和轴网；

③ 构件：布置墙柱梁板；

④ 荷载：布置墙柱梁板荷载；

⑤拷贝：编辑其他建筑层。

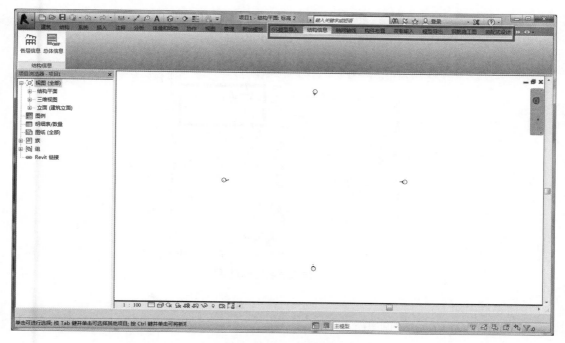

图 6-19　建立结构模型

2）填写各层信息。点击【结构信息】-【各层信息】。

①点按【建筑总层数】，输入 5（包括基底），如图 6-20 所示。

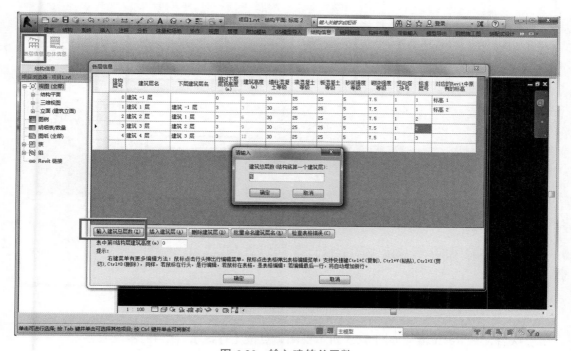

图 6-20　输入建筑总层数

② 批量命名建筑层时，起始编号为 -1，如图 6-21 所示。

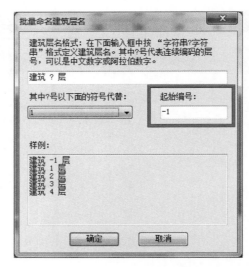

图 6-21　建筑层名修改对话框

在列表框中输入：

③ 相对下层层顶高度分别为 1m、3.6m、3.6m、4.5m。

④ 梁板混凝土等级为 30（左键拖动标定，右键点按标定内容，批量修改）。

⑤ 对应的标准层为 1、1、2、3、4。在各层信息对话框下输入相关信息如图 6-22 所示。

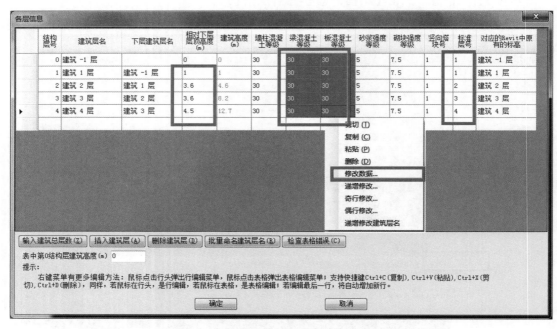

图 6-22　在各层信息对话框下输入相关信息

确认后，在 Revit 增加如图 6-23 所示视图，点按【存盘】，存当前修改内容。

图 6-23 Revit 视图界面

3）填写计算总体信息

① 填写总信息。点击菜单【结构信息】–【总体信息】–【总信息】，设置地下室层数、有侧约束的地下室层数、最大嵌固层号，值均为 1，如图 6-24 所示。

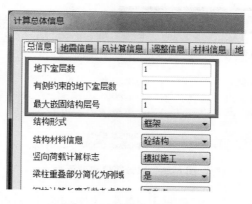

图 6-24 总信息对话框

② 填写地震信息。点击【地震信息】，输入：抗震烈度 7，场地类别 II，地震设计分组为二组；三级框架抗震等级；周期折减系数 0.7；顶部小塔楼层数 1，层号 4，放大系数 1.5。如图 6-25 所示。

图 6-25　地震信息对话框

③ 填写风计算信息。点击【风计算信息】，输入：计算风荷载的基本风压 0.45，如图 6-26 所示。

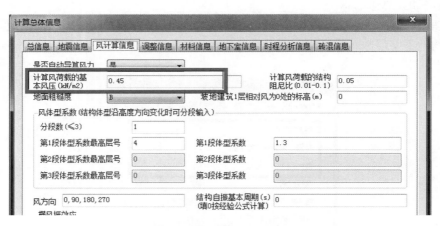

图 6-26　风计算信息对话框

④ 填写材料信息。点击【材料信息】，输入：混凝土构件容重 25kN/m³，所有钢筋强度为 360N/mm²，点击【确定】按钮退出，如图 6-27 所示。

4）布置轴网。选择菜单【轴网轴线】，点击【建筑1层】，在建筑1层输入轴网，如图 6-28 所示。

点击【正交轴网】，在对话框输入以下信息。

① 上开间间距：3600×13。

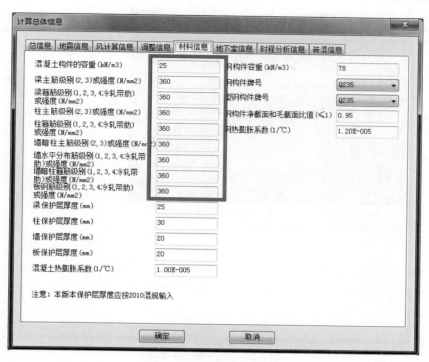

图 6-27 材料信息对话框

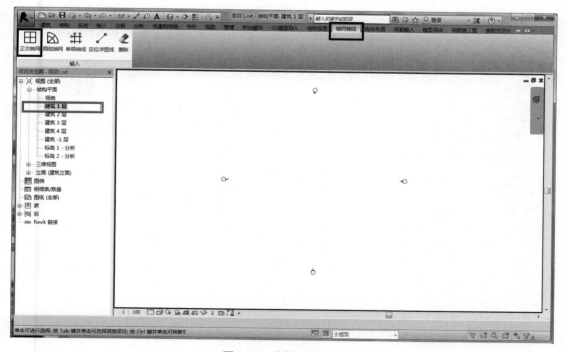

图 6-28 建筑 1 层平面

② 左进深间距：1800,5400,2400,5400,1800（注意中间的逗号不要用中文的逗号），点击【确定】按钮退出。正交轴网对话框如图 6-29 所示。

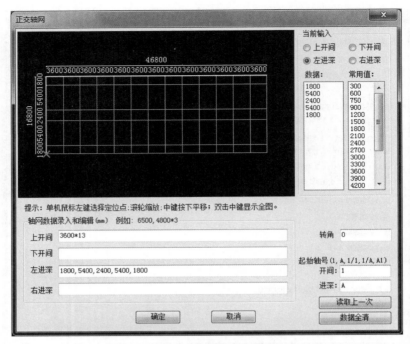

图 6-29　正交轴网对话框

在屏幕上选择一点，将轴网布置于屏幕上，正交轴网如图 6-30 所示。

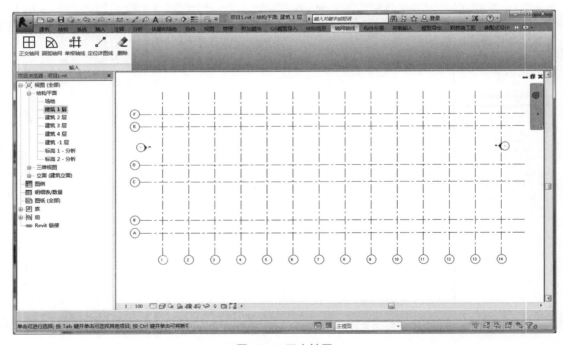

图 6-30　正交轴网

5）布置柱

① 输入柱截面。选择菜单【构件布置】，点击【轴点建柱】，再点击【增加】，在弹出的

对话框输入尺寸 500×600，点击【确定】按钮退出，如图 6-31 所示。

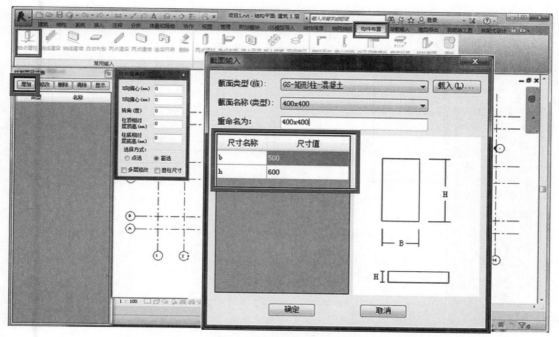

图 6-31　柱截面定义对话框

由图 6-32 可知，柱截面尺寸表中增加了 500×600 的截面尺寸。

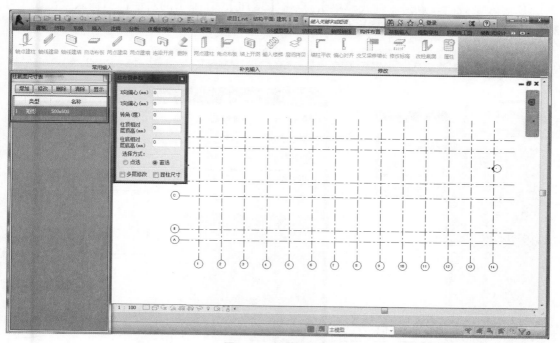

图 6-32　柱截面列表

② 布置柱。从上到下 4 行窗选轴线交点，在图 6-33 所示位置布置柱。布置完毕后，按

【ESC】键退出命令。

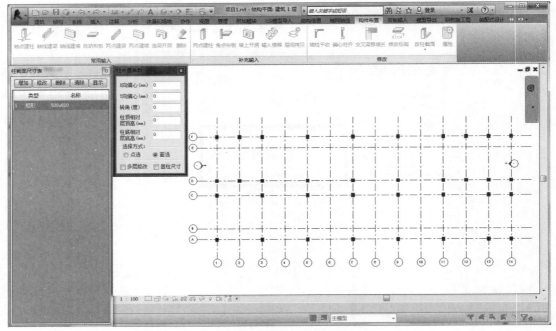

图 6-33　柱布置平面图

6）布置梁

① 输入梁截面。点击【轴线建梁】，点击【增加】，在弹出的对话框中输入梁截面尺寸
250×600（如图 6-34 所示），点击【确定】按钮退出。

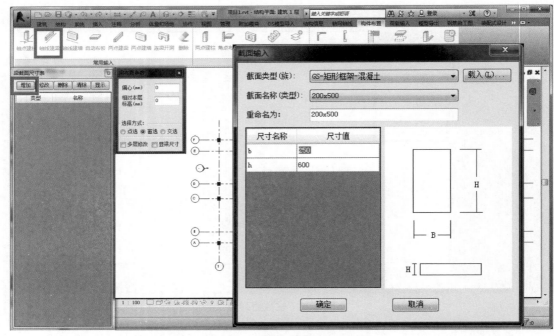

图 6-34　梁截面定义对话框

由图 6-35 可知，梁截面尺寸表中增加了 250×600 的截面尺寸。

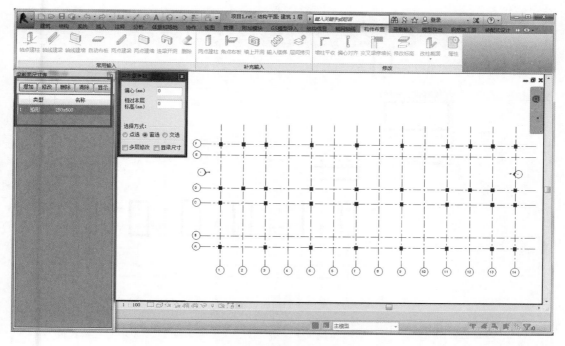

图 6-35 梁截面列表

② 布置梁。窗选所有轴线，布置梁，如图 6-36 所示。

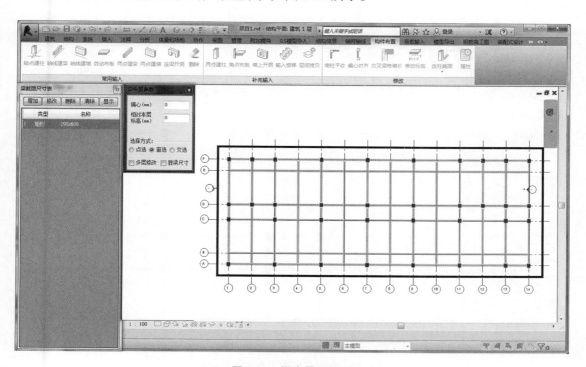

图 6-36 梁布置平面图

点击【删除】，在删除参数对话框中取消其他删除，只删除梁。窗选删除如图 6-37 所示位置的梁。

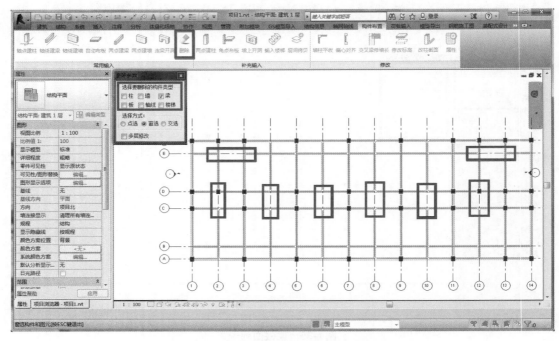

图 6-37　在梁平面图下窗选删除梁

点击【两点建梁】，如图 6-38 所示。

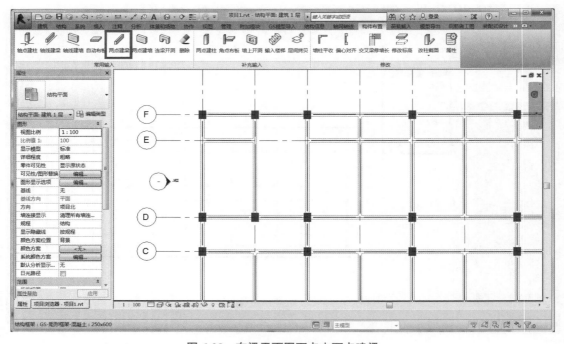

图 6-38　在梁平面图下点击两点建梁

选择两点，可布置出一道梁，如图 6-39 所示。

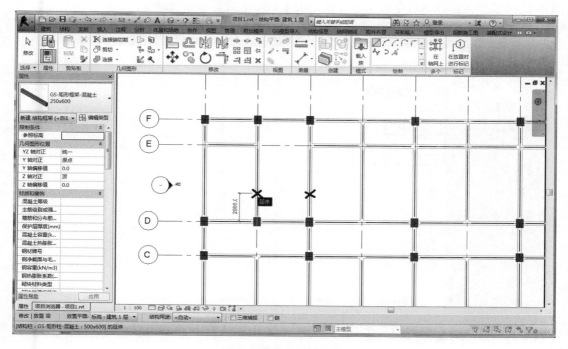

图 6-39　梁平面图（一）

同理布置另一条梁，如图 6-40 所示，按【ESC】退出布置梁。

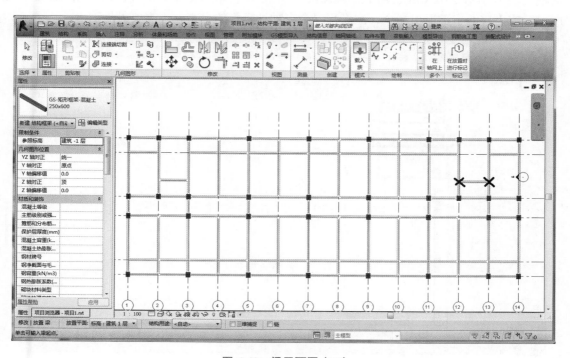

图 6-40　梁平面图（二）

7）布置板。点击【自动布板】，在板布置参数窗口点击【所有开间自动布板】，按图 6-41 的尺寸表选择的板厚自动布置板。按【ESC】键退出布板命令。

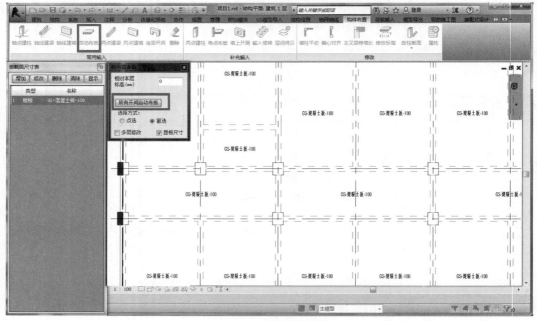

图 6-41　板布置平面图

8）布置板荷载。选择【荷载输入】菜单，点击【楼板恒活】，在楼板恒活布置参数对话框中输入恒载 2.0kN/m²、活载 2.0kN/m²，再点击【所有板自动布置恒活载】，如图 6-42 所示。按【ESC】键退出命令，注意程序会自动计算板的自重，不需要另外输入。

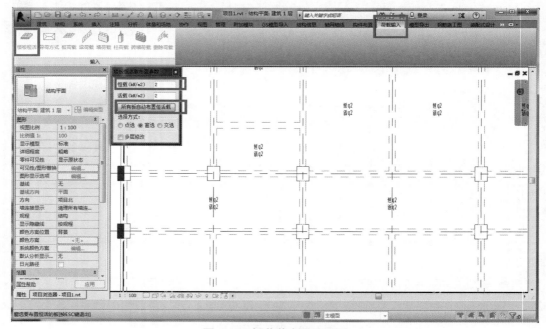

图 6-42　板荷载布置平面图

9）布置梁荷载

① 定义梁荷载。点击【梁荷载】，点击【增加】，在弹出的对话框中输入梁荷载。荷载类型选择均布荷载，荷载方向选择重力方向，工况选择重力恒载，荷载值输入10kN/m，然后点击【确认】按钮退出对话框，如图6-43所示。

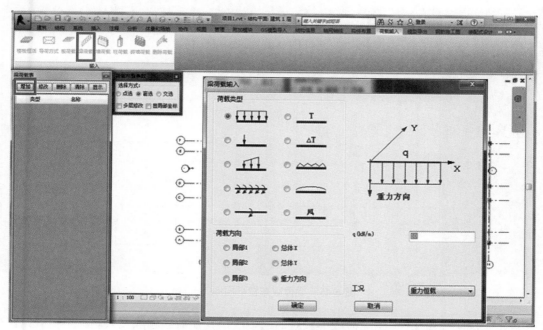

图6-43 梁荷载定义对话框

由图6-44可知，梁荷载表中增加了上述荷载。

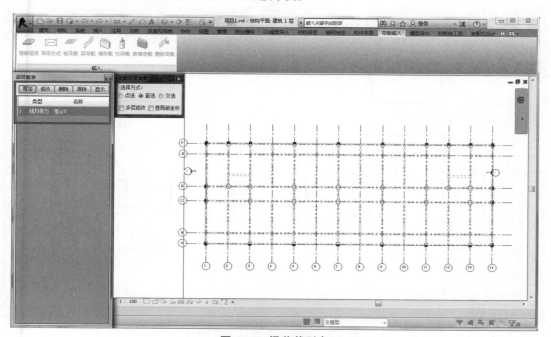

图6-44 梁荷载列表

② 布置梁荷载。窗选所有梁，布置梁荷载，如图 6-45 所示。按【ESC】键退出当前命令。

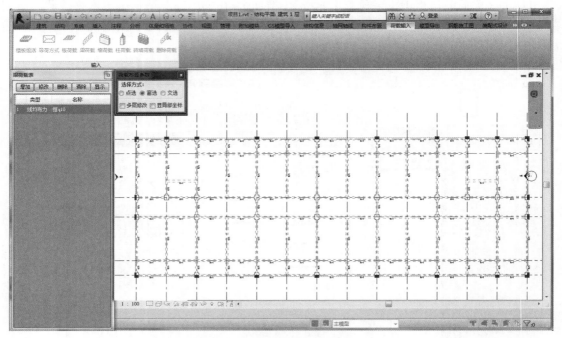

图 6-45 梁荷载布置平面图（一）

点击【删除荷载】，在删除荷载参数对话框中取消其他荷载删除，只删除梁荷载，窗选删除图 6-46 中走廊及楼梯间处的梁荷载（图 6-46 框中的梁）。

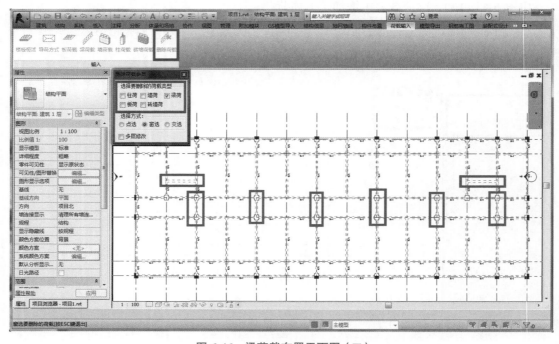

图 6-46 梁荷载布置平面图（二）

10）复制建筑 1 层为建筑 2 层。点击【保存】按钮保存文件。点击【层间拷贝】，在弹出的层间复制对话框中选择建筑 2 层，点击【确认】按钮，将建筑 1 层复制到建筑 2 层，如图 6-47 所示。

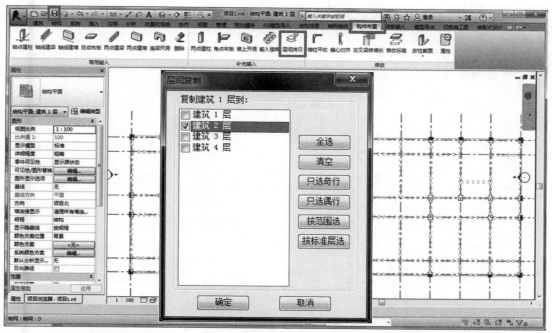

图 6-47　楼层复制对话框

在项目浏览器中点击【建筑 2 层】，当前窗口显示建筑 2 层墙柱梁板，见图 6-48。

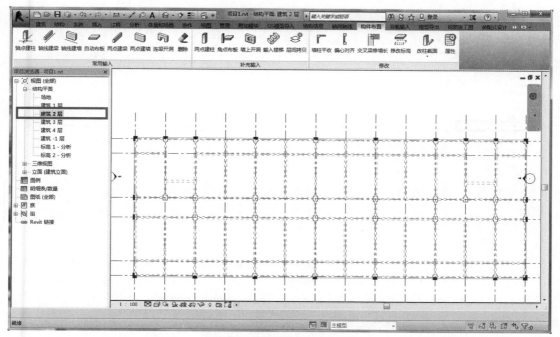

图 6-48　建筑 2 层平面图

11）复制建筑 2 层为建筑 3 层。点击【保存】按钮保存文件。点击【层间拷贝】，在弹出的层间复制对话框中选择建筑 3 层，点击【确认】按钮，将建筑 2 层复制到建筑 3 层，如图 6-49 所示。

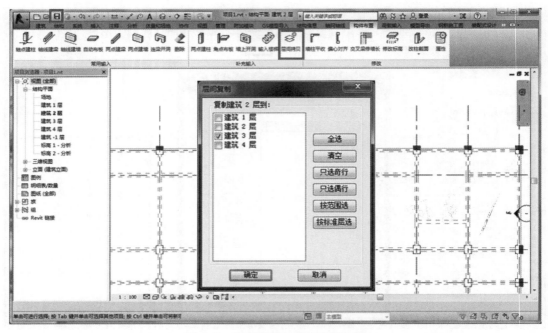

图 6-49　复制建筑 2 层为建筑 3 层

在项目浏览器中点击【建筑 3 层】，当前窗口显示建筑 3 层墙柱梁板，见图 6-50。

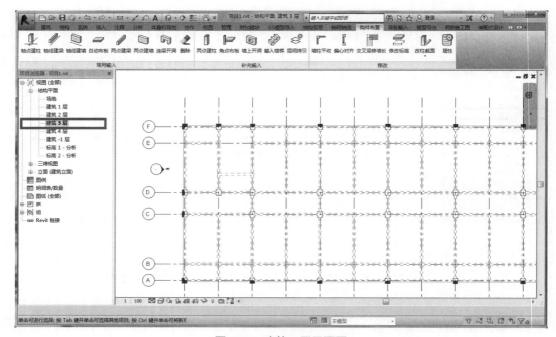

图 6-50　建筑 3 层平面图

12）编辑建筑 3 层，布置女儿墙荷载。选择【荷载输入】菜单，点击【删除荷载】，在删除荷载参数对话框中，取消梁荷以外的其他荷载类型的删除，窗选所有梁，将梁上荷载删除，见图 6-51。按【ESC】键退出当前命令。

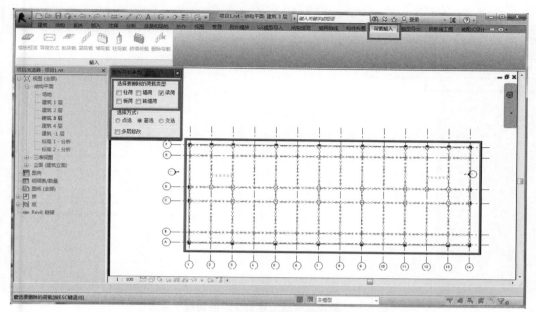

图 6-51 建筑 3 层梁荷载平面图

点击【梁荷载】，点击【增加】，在弹出的对话框中输入梁荷载。如图 6-52 所示，荷载类型选择均布荷载，荷载方向选择重力方向，工况选择重力恒载，荷载值输入 5kN/m，然后点击【确认】按钮退出对话框。

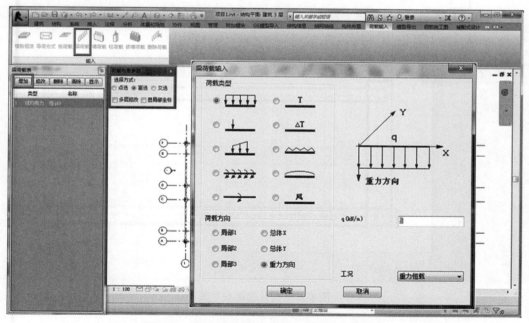

图 6-52 在梁荷载定义对话框下定义新梁荷载

如图 6-53 所示，在梁荷载表中增加了上述荷载。

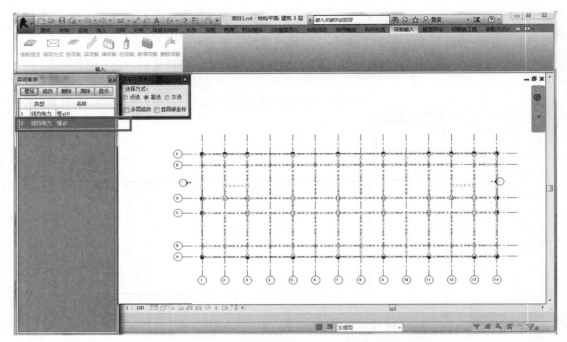

图 6-53　新增梁荷载后建筑 3 层梁荷载平面图

窗选周边梁，布置女儿墙荷载，见图 6-54。按【ESC】键退出当前命令。

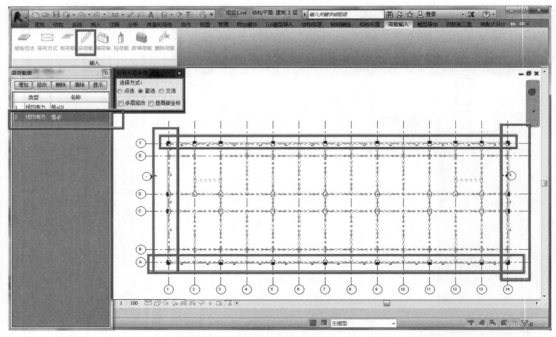

图 6-54　女儿墙荷载平面

13）复制建筑 3 层为建筑 4 层。点击【保存】按钮保存文件。选择【构件布置】，点击

【层间拷贝】，在弹出的层间复制对话框中选择建筑 4 层，点击【确认】按钮，将建筑 3 层复制到建筑 4 层，见图 6-55。

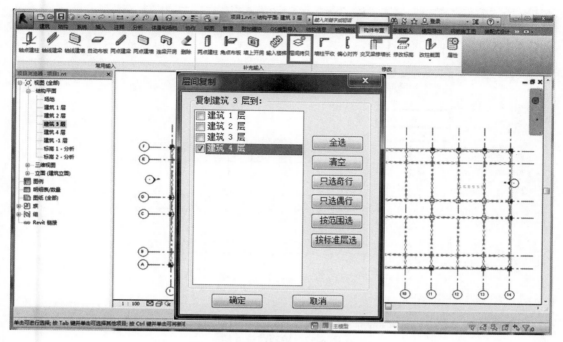

图 6-55　复制建筑 3 层为建筑 4 层

在项目浏览器中点击【建筑 4 层】，当前窗口显示建筑 4 层墙柱梁板，如图 6-56 所示。

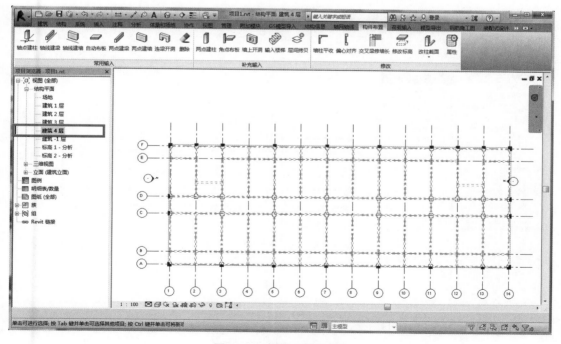

图 6-56　建筑 4 层平面图

14）编辑建筑 4 层。点击【删除】按钮，在删除参数对话框中选择【交选】，见图 6-57。

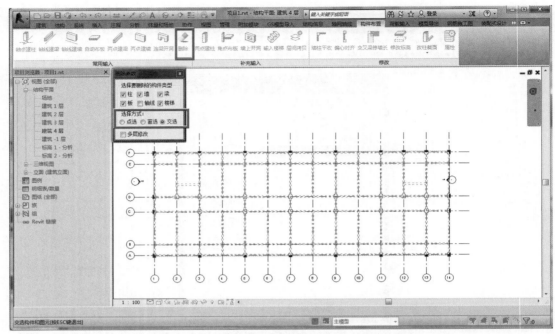

图 6-57　编辑建筑 4 层

将多余构件删除，仅留楼梯间的梁柱，删除完成后如图 6-58 所示。按【ESC】键退出当前命令。

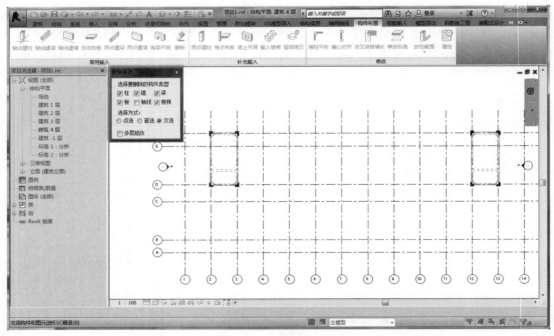

图 6-58　楼梯间平面图

15）删除梁荷载。选择【荷载输入】菜单，点击【删梁荷载】，窗选图 6-59 中梁，将梁上荷载删除。按【ESC】键退出当前命令。

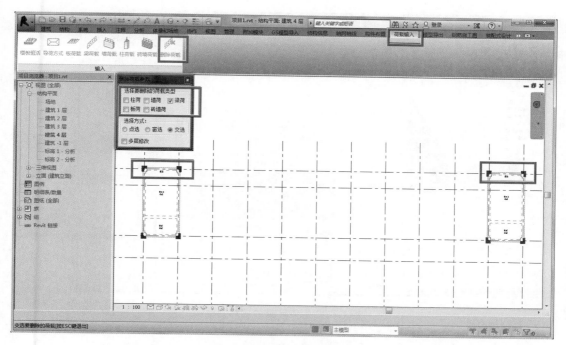

图 6-59 建筑 4 层梁荷载平面图

16）查看三维视图。点击【三维视图】，查看如图 6-60 所示的三维视图。

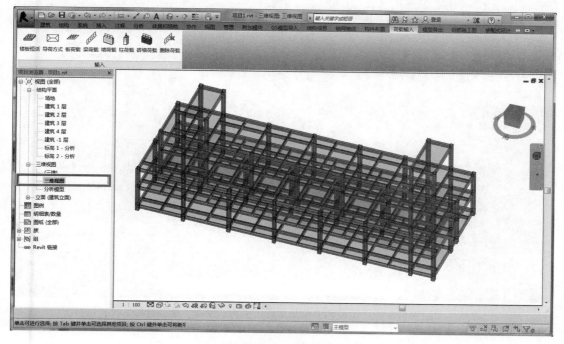

图 6-60 三维结构图

17）生成 GSSAP 计算数据。点击【保存】文件。选择【模型导出】菜单，点击【生成 GSSAP 计算数据】，在弹出的对话框中点击【转换】即可，如图 6-61 所示。

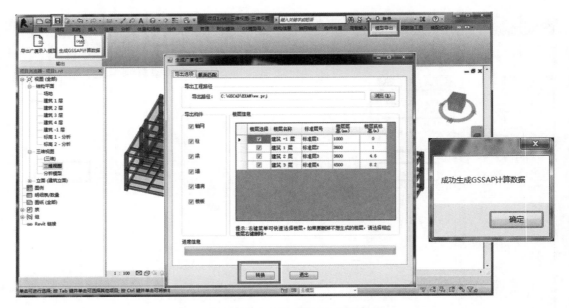

图 6-61　生成计算数据对话框

（3）楼板、次梁、砖混计算。在广厦主控菜单，如图 6-62 所示点击软件主菜单上的"楼板、次梁、砖混计算"。

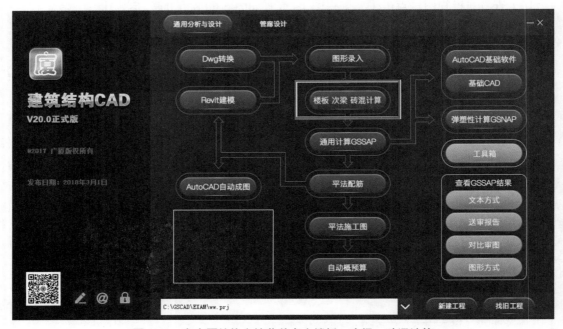

图 6-62　在广厦结构主控菜单点击楼板、次梁、砖混计算

软件已自动计算所有楼板，关闭窗口即可。楼板计算界面如图 6-63 所示。

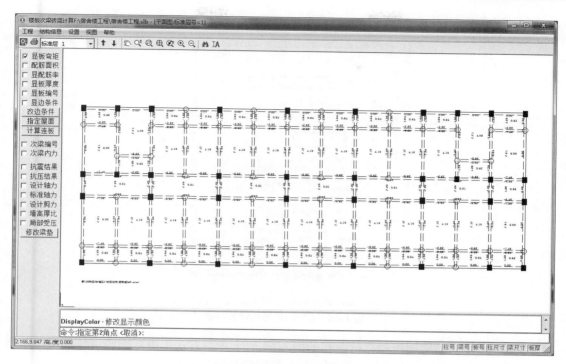

图 6-63　楼板计算界面

（4）GSSAP 通用计算。在广厦主控菜单，点击"通用计算 GSSAP"，如图 6-64 所示。

在弹出的对画框中选择【数据检查并详细计算】，点击【确定】。待计算完成后点击【退出】按钮退出计算，如图 6-65 所示。

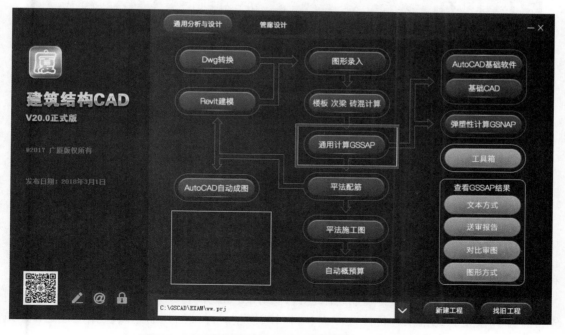

图 6-64　在广厦结构主控菜单下点击通用计算 GSSAP

图 6-65　GSSAP 通用计算界面

（5）查看楼层和层间控制指标。在如图 6-66 的【文本方式】中，先要审核楼层控制指标：层间位移角，再审核柱梁构件控制指标：柱梁的超筋超限验算。

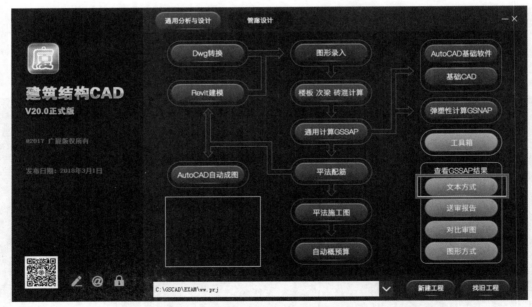

图 6-66　在广厦结构主控菜单下点击楼层和层间控制指标

在主控菜单点击【文本方式】，弹出如图 6-67 所示内容，选择【结构位移】，查看 0 度和 90 度地震作用下层间位移角 1/2789 和 1/2836 小于 1/550，满足框架层间位移角的要求。

生成施工图前必须先查看超筋超限警告，如图 6-68 所示。不满足规范强制性条文时请先检查计算模型有无错误，再修改截面、材料或模型。详细的超筋超限验算内容见《建筑结构通用分析与设计软件 GSSAP 说明书》关于超筋超限警告的内容。

没有超筋和超限警告，柱梁满足规范要求退出警告文件即可。

```
工况  7 -- 地震方向0度
位移与地震同方向,单位为mm
层位移比=最大位移/层平均位移
层间位移比=最大层间位移/平均层间位移

层号 塔号 构件编号  水平最大位移  层平均位移  层位移比   层高(mm) 有害位移
        构件编号  最大层间位移  平均层间位移  层间位移比  层间位移角 比例(%)
 1   1  柱 1    0.00      0.00     1.00    1000
       柱 1    0.00      0.00     1.00   1/9999   100.00
 2   1  柱 29   1.29      1.26     1.02    3600
       柱 29   1.29      1.26     1.02   1/2789   68.42
 3   1  柱 29   2.27      2.21     1.02    3600
       柱 29   0.98      0.98     1.00   1/3688   100.00
 4   1  柱 1    3.11      3.10     1.00    4500
       柱 1    1.02      1.02     1.00   1/4425   100.00
----------------------------------------------------------
            最大层间位移角= 1/2789(及其层号=2)

工况  8 -- 地震方向90度
位移与地震同方向,单位为mm
层位移比=最大位移/层平均位移
层间位移比=最大层间位移/平均层间位移

层号 塔号 构件编号  水平最大位移  层平均位移  层位移比   层高(mm) 有害位移
        构件编号  最大层间位移  平均层间位移  层间位移比  层间位移角 比例(%)
 1   1  柱 1    0.00      0.00     1.00    1000
       柱 1    0.00      0.00     1.00   1/9999   100.00
 2   1  柱 1    1.27      1.06     1.20    3600
       柱 1    1.27      1.06     1.20   1/2836   64.53
 3   1  柱 21   2.39      2.00     1.20    3600
       柱 21   1.13      1.13     1.00   1/3199   100.00
 4   1  柱 1    3.60      3.11     1.15    4500
       柱 1    1.36      1.22     1.11   1/3318   26.48
----------------------------------------------------------
            最大层间位移角= 1/2836(及其层号=2)
```

图 6-67　以文本方式查看 GSSAP 结果

```
计算结果文本输出选择                                    ×

  ====  结  构  总  信  息  ====
  1、结构信息
  2、结构位移
  3、周期和地震作用
  4、水平力效应验算
  5、内外力平衡验算
  6、砖混计算总信息
  ====  超 筋 超 限 警 告  ====
  1、超筋超限警告
  ====  PKPM 格 式 结 构 总 信 息  ====
  1、结构设计信息
  2、周期 振型 地震作用
  3、结构位移
  4、薄弱层验算
  5、框架柱倾覆弯矩和0.2V0调整系数
  ====  构  件  内  力  ====
  1、调整前静力内力
  2、调整前动力内力
  3、调整后基本组合内力
  4、墙柱底内力包络
  ====  构 件 截 面 计 算  ====
  1、层1构件截面计算结果
  2、层2构件截面计算结果
  3、层3构件截面计算结果
  4、层4构件截面计算结果

         打开        退出
```

图 6-68　查看文本结果界面

（6）生成施工图。点击主菜单上的【平法配筋】，如图 6-69 所示。弹出如图 6-70 所示的对话框，在对话框中选择计算模型为"GSSAP"，然后点击【生成施工图】，生成完毕后退出对话框。

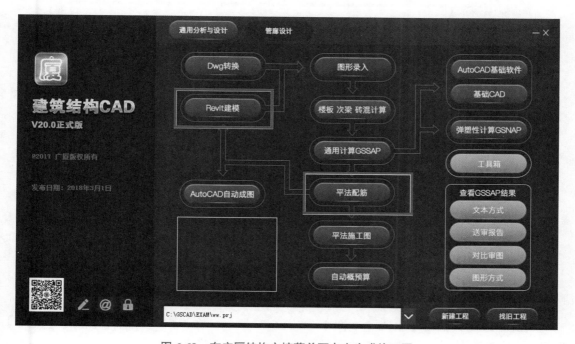

图 6-69　在广厦结构主控菜单下点击生成施工图

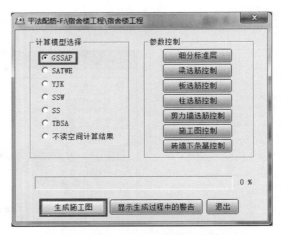

图 6-70　平法配筋生成施工图界面

1）生成 AutoCAD 施工图。在主控菜单点击【AutoCAD 自动成图】，进入 AutoCAD 自动成图系统，按以下 4 个步骤完成施工图绘制：

①生成 dwg 图；

②根据"平法警告"修改；

③根据"校核审查"修改；

④分存 dwg，生成钢筋算量数据，形成送给打印室的钢筋施工图和计算配筋图 dwg 文件。具体操作界面见图 6-71。

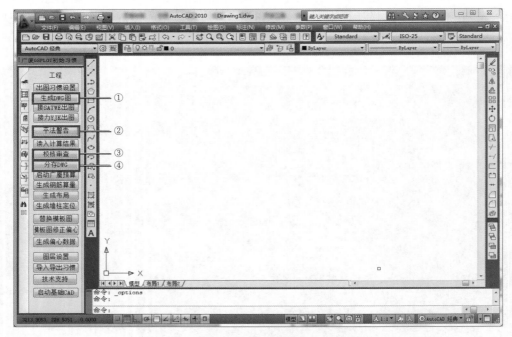

图 6-71　AutoCAD 自动成图 GSPLOT 界面

点击左边工具栏的【生成 dwg 图】，如图 6-72 所示。在弹出的对话框中点击【确定】按钮，生成施工图。

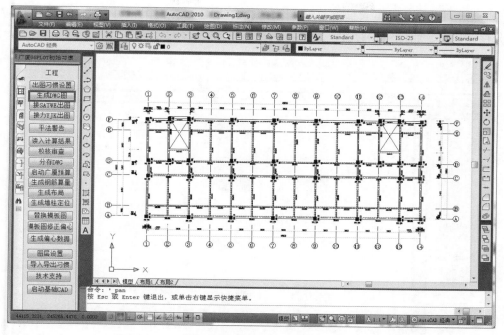

图 6-72　生成 dwg 图界面

如图 6-72 所示分别点击【平法警告】和【校核审查】按钮，若有警告，切换到相应的板、梁、柱和墙钢筋图菜单，进行相应的修改。

点击【分存 dwg】按钮，弹出图 6-73 "是否自动生成钢筋算量数据"对话框时，选择"是"。

弹出分存 dwg 对话框时选择"确定"，GSPLOT 生成如图 6-74 所示的送给打印室的钢筋施工图和计算配筋图 dwg 文件。

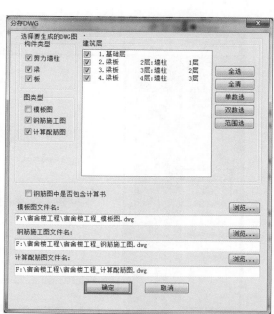

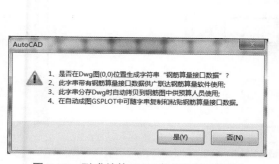

图 6-73　形成结构 BIM 数据提示对话框

图 6-74　分存 dwg 对话框

分存 dwg 时会自动提示是否打开钢筋图，打开后可看到梁板柱钢筋图，如图 6-75 所示。分存完成后，将图纸保存并关闭。

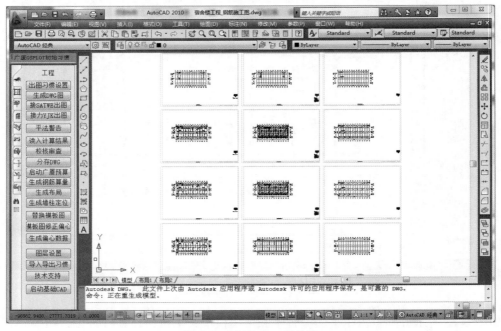

图 6-75　分存 dwg 后的图

2）生成 Revit 施工图。AutoCAD 中施工图修改功能强大，并且速度快，建议在 AutoCAD 中修改完钢筋施工图后，点按"启动广厦预算"，把 AutoCAD 施工图信息导出，再在 Revit 生成 Revit 施工图，如图 6-76 所示。

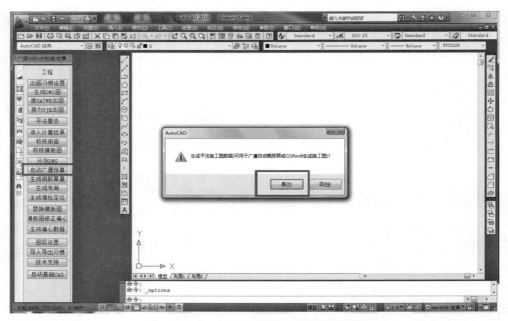

图 6-76　在 GSRevit 界面下启动广厦预算

在 Revit 中，选择【钢筋施工图】菜单，点击【生成施工图】，点按【确认】需要 4 分钟生成墙柱梁板模板图、墙柱钢筋图、板钢筋图和梁钢筋图，见图 6-77。

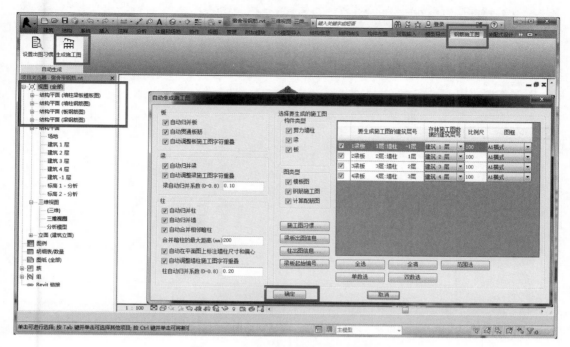

图 6-77　生成 Revit 结构施工图界面

在 Revit 中，单点击【2 层墙柱梁板模板图】，查看建筑 2 层墙柱梁板模板图，见图 6-78。

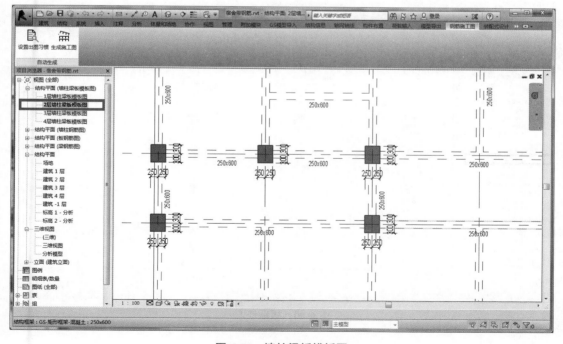

图 6-78　墙柱梁板模板图

在 Revit 中，点击【1 层墙柱钢筋图】，查看 1 层墙柱钢筋图，如图 6-79 所示。

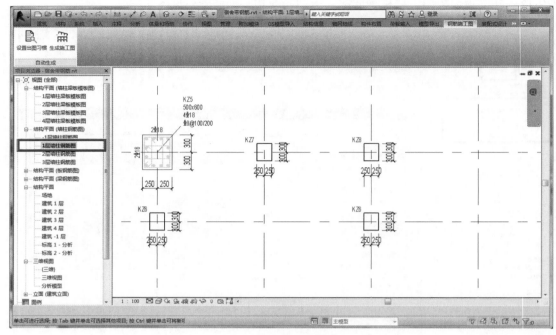

图 6-79　墙柱钢筋图

在 Revit 中，单击【2 层板钢筋图】，查看 2 层板钢筋图，如图 6-80 所示。

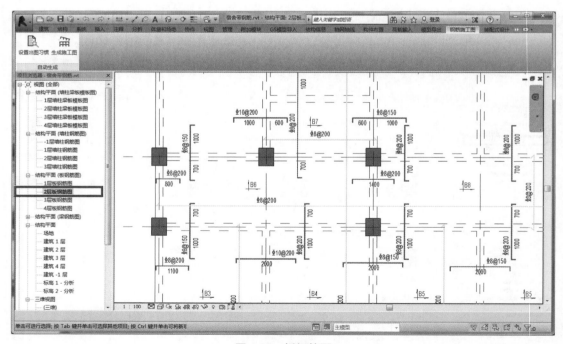

图 6-80　板钢筋图

在 Revit 中，单击【2 层梁钢筋图】，查看 2 层梁钢筋图，如图 6-81 所示。

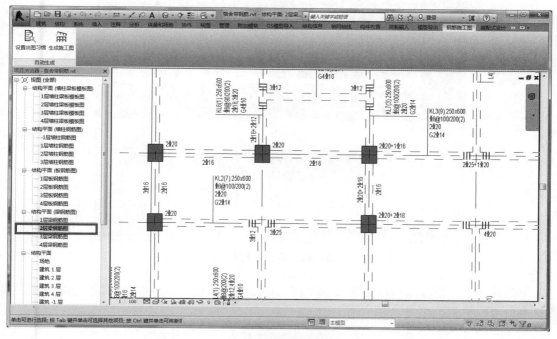

图 6-81　梁钢筋图

（7）钢筋算量接口。广联达钢筋算量软件接口广厦 dwg 结构施工图的操作整体分如下三步。

1）生成钢筋算量接口数据。在 AutoCAD 自动成图里"分存 dwg"时生成"钢筋算量接口数据"，分存后的图纸"框架 _ 钢筋施工图 .dwg"文件的左下角会带有如图 6-82 所示的"钢筋算量接口数据"。若能看到，表明"钢筋算量接口数据"生成成功。

【注】　①"钢筋算量接口数据"字比较小，需放大才能看到；该字串不能删除，因为这个字串带有接口数据，删除后数据会丢失。

②钢筋算量接口数据在广厦 AutoCAD 自动成图 GSPLOT 启动下可随字串"钢筋算量接口数据"拷贝粘贴。

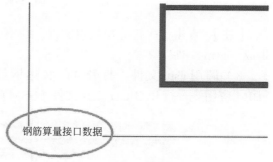

图 6-82　带有 BIM 数据的字串

2）生成 gsm 文件。用广厦广联达钢筋算量接口软件生成"gsm 文件"。打开"广厦广联达钢筋算量接口软件（GSQI）"，弹出如图 6-83 所示的选择 dwg 文件，选择图纸文件中左下角带有"钢筋算量接口数据"的 dwg 文件，例如本案例中的宿舍楼工程 _ 钢筋施工图 .dwg。

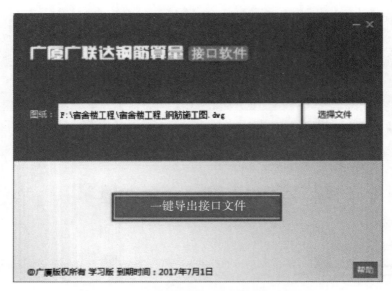

图 6-83　广厦广联达钢筋算量 GGJ 接口界面

然后点击"一键导出接口文件"，导出成功可以看到如图 6-84 所示的提示，此时在工程文件夹里可以找到后缀为"gsm"的文件。

图 6-84　提示对话框

【注】　点击"一键导出接口文件"前不能用 AutoCAD 打开此 dwg 文件，否则可能无法生成"gsm 文件"。

3）调用 gsm 文件。打开"广联达钢筋算量软件 GGJ"，然后如图 6-85 所示，点击"BIM 应用——打开 GICD 交互文件（GSM）"。

图 6-85　广联达钢筋算量 GGJ 界面

如图 6-86 所示，在 dwg 文件同目录下找到"gsm 文件"，点击"打开"。

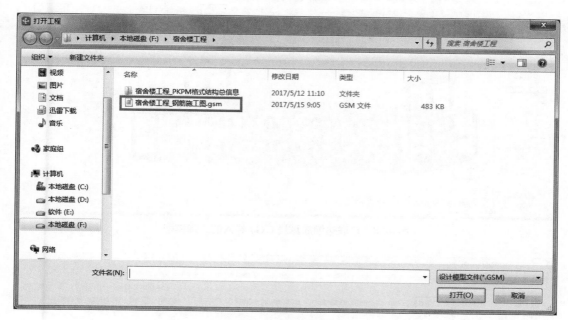

图 6-86 gsm 文件对话框

待广联达数据读取完毕后，点击【绘图输入】-【现浇板】，即可看到首层的平面图，如图 6-87 所示。

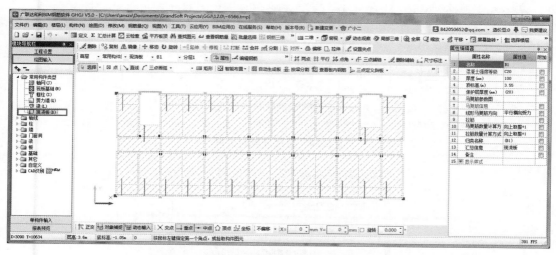

图 6-87 广联达钢筋算量 GGJ 导入的平面模型

点击【选择楼层】，选择"全部楼层"。点击【动态观察】，用鼠标在屏幕上调整查看方向，即可看到模型的三维显示，如图 6-88 所示。

点击【汇总计算】，在弹出的"汇总计算"对话框中点击【全选】，点击【计算】，如图 6-89 所示。

计算完成后，在弹出的对画框中点击【关闭】，如图 6-90 所示。

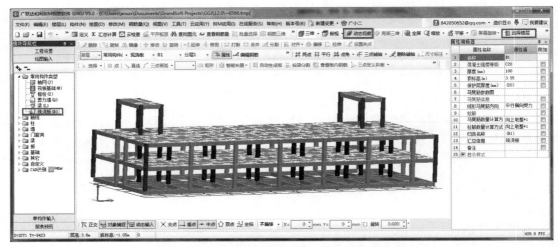

图 6-88　广联达钢筋算量 GGJ 导入的三维模型

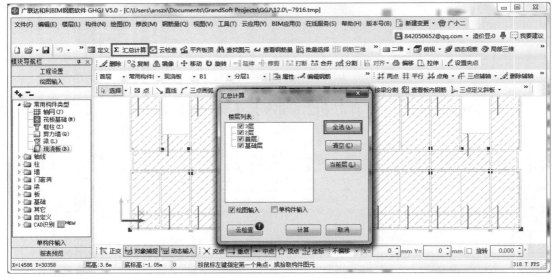

图 6-89　汇总计算对话框

图 6-90　计算汇总提示对话框

点击【框柱】，选择右下角的柱，点击【钢筋三维】，框选柱子，用鼠标调整角度，即可看到柱的三维钢筋模型，如图 6-91 所示。

点击【报表预览】，点击"楼层构件类型经济指标表"，即可看到各楼层及总的钢筋用量，如图 6-92 所示，相关的建模视频二维码见图 6-93。

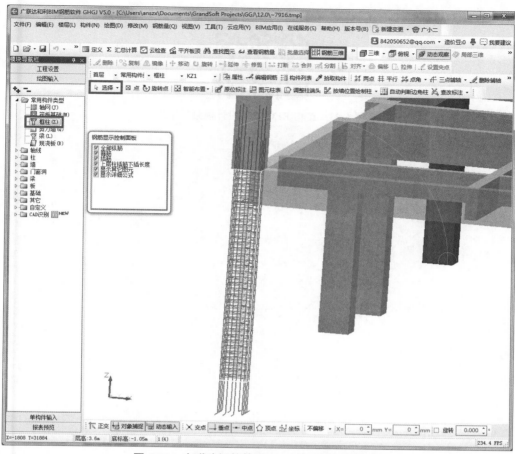

图 6-91　广联达钢筋算量 GGJ 的三维钢筋模型

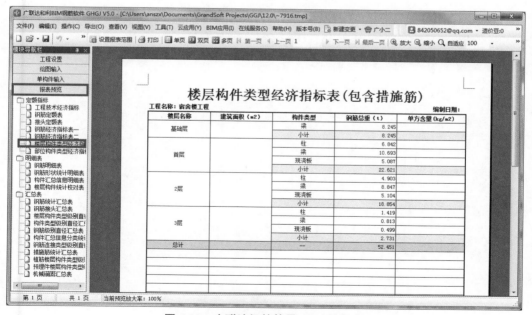

图 6-92　广联达钢筋算量 GGJ 的报表

图 6-93　结构 BIM 正向设计视频二维码

第7章

BIM 招标与投标

 学习目标

1. 掌握建设项目的招投标流程
2. 熟悉工程量清单与投标控制价的编制
3. 熟悉 BIM 场地布置与施工进度计划的编制
4. 了解招标与投标文件的主要内容与组成
5. 了解 BIM 投标文件编制与可视化开评标系统

7.1 招投标的概念与发展

7.1.1 工程招投标的概念

招标投标是在市场经济条件下进行工程建设、货物买卖、财产出租、中介服务等经济活动的一种竞争形式和交易方式，是引入竞争机制订立合同（契约）的一种法律形式。它是指招标人对工程建设、货物买卖、劳务承担等交易业务，事先公布选择采购的条件和要求，招引他人承接，若干或众多投标人作出愿意参加业务承接竞争的意思表示，招标人按照规定的程序和办法择优选定中标人的活动。

建设工程招标是指招标人在发包建设项目之前，公开招标或邀请投标人，根据招标人的意图和要求提出报价，择日当场开标，以便从中择优选定中标人的一种经济活动。

建设工程投标是建设工程招标的对称概念，指具有合法资格和能力的投标人根据招标条件，经过初步研究和估算，在指定期限内填写标书，提出报价，并等候开标，决定能否中标的经济活动。

从法律意义上讲，建设项目招标一般是建设单位（或业主）就拟建的工程发布通告，用法定方式吸引建设项目的承包单位参加竞争，进而通过法定程序从中选择条件优越者来完成工程建设任务的法律行为。建设项目投标一般是经过特定审查而获得投标资格的建设项目承包单位，按照招标文件的要求，在规定的时间内向招标单位填报投标书，并争取中标的法律行为。

7.1.2 工程招投标的分类

建设项目招标投标多种多样，按照不同的标准可以进行不同的分类。

（1）按工程建设程序分类。按照工程建设程序，可以将建设项目招标投标分为：

1）建设项目前期咨询招标投标；

2）勘察设计招标；

3）材料设备采购招标；

4）工程施工招标；

5）建设项目全过程工程造价跟踪审计招标；

6）工程项目监理招标。

（2）按工程项目承包的范围分类。按工程承包的范围可将工程招标划分为：项目全过程总承包招标、工程分包招标及专项工程承包招标。

1）项目全过程总承包招标。项目全过程总承包招标，即选择项目全过程总承包人招标，这种又可分为两种类型，其一是指工程项目实施阶段的全过程招标；其二是指工程项目建设全过程的招标。前者是在设计任务书完成后，从项目勘察、设计到施工交付使用进行一次性招标；后者则是从项目的可行性研究到交付使用进行一次性招标，业主只需提供项目投资和使用要求及竣工、交付使用期限，其可行性研究、勘察设计、材料和设备采购、土建施工设备安装及调试、生产准备和试运行、交付使用等工作，均由一个总承包商负责承包，即所谓"交钥匙工程"。承揽"交钥匙工程"的承包商被称为总承包商，绝大多数情况下，总承包商要将工程部分阶段的实施任务分包出去。

2）工程分包招标。工程分包招标是指中标的工程总承包人作为其中标范围内的工程任务的招标人，将其中标范围内的工程任务，通过招标投标的方式，分包给具有相应资质的分承包人，中标的分承包人只对招标的总承包人负责。

3）专项工程承包招标。专项工程承包招标是指在工程承包招标中，对其中某项比较复杂、专业性强、施工和制作要求特殊的单项工程进行单独招标。

（3）按行业类别分类。按与工程建设相关业务性质的不同，分为勘察设计招标、材料设备采购招标、土木工程招标、建筑安装工程招标、生产工艺技术转让招标和工程咨询服务招标等。

7.1.3 工程招投标的主体

建设工程招投标的主体包括建设工程招标人、建设工程投标人、建设工程招标代理机构和建设工程招投标行政监管部门。

（1）建设工程招标人。按照《中华人民共和国招标投标法》第八条规定，招标人是依照该法规定提出招标项目、进行招标的法人或者其他组织。

法人是指依法注册登记，具有独立的民事权利能力和民事行为能力，依法独立享有民事权利和承担民事义务的组织，包括企业法人、机关、事业单位及社会团体法人。其他组织是指依法成立，有一定组织机构和财产，但又不具备法人资格的组织，例如依法登记领取营业执照的合伙组织、企业的分支机构等。

（2）建设工程投标人。按照《中华人民共和国招标投标法》第二十五条规定，投标人是响应招标、参加投标竞争的法人或者其他组织。依法招标的科研项目允许个人参加投标的，投标的个人适用本法有关投标人的规定。投标人分为三类：一是法人；二是其他组织；三是自然人（科研项目）。

（3）建设工程招标代理机构。建设工程招标代理机构，是指建设工程招标人，将建设工程招标事务委托给相应中介服务机构，由该中介服务机构在招标人委托授权的范围内，以委托的招标人的名义，同他人独立进行建设工程招标投标活动，由此产生的法律效果直接归属于委托的招标人的一种制度。

（4）建设工程招投标行政监管部门

1）国家发展改革委员会（指导协调部门）。国家发展改革委员会指导和协调全国招投标工作，具体职责包括：会同有关行政主管部门拟定《招标投标法》配套法规、综合性政策和必须进行招标的项目的具体范围、规模标准以及不适宜进行招标的项目，报国务院批准；指定发布招标公告的报刊、信息网络或其他媒介；作为项目审批部门，负责依法核准应报国家发展改革委员会审批和由其核报国务院审批项目的招标方案（包括招标范围、招标组织形式、招标方式）；组织国家重大建设项目稽查特派员，对国家重大建设项目建设过程中的工程招投标进行监督检查。

2）有关行业或产业行政主管部门（行业监督部门）。按照国务院确定的职责分工，对于招投标过程中泄露保密资料、泄露标底、串通招标、串通投标、歧视排斥投标等违法活动的监督执法，分别由有关行业行政主管部门负责并受理投标人和其他利害关系人的投诉。按照这一原则，工业和信息、水利、交通、铁道、民航等行业和产业项目的招投标活动的监督执法，分别由有关行业行政主管部门负责；各类房屋建筑及其附属设施的建造和与其配套的线路、管道、设备的安装项目和市政工程项目的招投标活动的监督执法，由建设行政主管部门负责；进口机电设备采购项目的招投标活动的监督执法，由商务行政主管部门负责。

7.1.4　工程招投标的发展历程

（1）传统工程招投标的发展。英国在 1782 年开始使用招投标这种形式展开政府采购，并于 19 世纪时将招投标这一交易方式引入了工程建设领域。在二战后招投标制度在西方发达国家以及世界银行、亚洲开发银行等国际经济组织中得到了广泛推行。

十一届三中全会前，我国实行高度集中的计划经济体制，招标投标作为一种竞争性市场交易方式，缺乏存在和发展所必需的经济体制条件。1980 年 10 月，国务院发布《关于开展和保护社会主义竞争的暂行规定》，提出对一些合适的工程建设项目可以试行招标、投标，为上海、天津、广州和吉林等试点招投标工作提供了法律支撑。1982 年，鲁布革水电站引水系统工程是我国第一个利用世界银行贷款并按世界银行规定进行项目管理的工程，极大地推动了我国工程建设项目管理方式的改革和发展。1983 年，城乡建设环境保护部出台《建筑安装工程招标投标试行办法》。20 世纪 80 年代中期以后，根据党中央有关体制改革精神，国务院及国务院有关部门陆续进行了一系列改革，企业的市场主体地位逐步明确，推行招标投标制度的体制性障碍有所缓解。

1992 年 10 月，十四大提出了建立社会主义市场经济体制的改革目标，进一步解除了束缚招标投标制度发展的体制障碍。1997 年 11 月 1 日，全国人大常委会审议通过了《中华人民共和国建筑法》，在法律层面上对建筑工程实行招标发包进行了规范。1999 年 8 月 30 日审议通过了《中华人民共和国招标投标法》，这是我国第一部规范公共采购和招标投标活动的专门法律，标志着我国招标投标制度进入了一个新的发展阶段。

2000 年之后，我国招投标发展步入高速通道，2002 年发布了《政府采购法》、2003 年发布了《工程量清单计价规范》、2012 年发布了《中华人民共和国招标投标实施条例》。这些法律法规的颁布为招投标制度的完善起了巨大的推进作用。之后于 2013 年 2 月国家发改委发布了《电子招投标办法》，正式将传统招投标模式带入了电子时代，成为我国招投标行业发展的一个重要里程碑。

（2）电子招投标系统。电子化招投标就是在传统招投标的基础上使用现代信息技术，以数据电文为载体，以此实现招投标的全过程。通俗地说，就是部分或者全部抛弃纸质文件，借助计算机和网络完成招标投标活动。

1）工程建设电子招投标在我国发展现状。十八大以来，国家对电子化招投标给予高度重视，频繁出台相应的规范和办法，从政策上给予引导和支持。

2013 年 2 月，以国家发改委牵头的八部委联合发布《电子招标投标办法》（第 20 号），《电子招投标办法》是中国推行电子招投标的纲领性文件，是我国招标投标行业发展的一个重要里程碑。

2014 年 8 月，国家发展和改革委员会等六部委发出《关于进一步规范电子招标投标系统建设运营的通知》（发改法规〔2014〕1925 号），进一步规范电子招标投标系统建设运营，确保电子招标投标健康有序发展。

2015 年 7 月，国家发展和改革委员会等六部委发出《关于扎实开展国家电子招标投标试点工作的通知》（发改法规〔2015〕1544 号），在招投标领域探索实行"互联网＋监管"模式，深入贯彻实施《电子招标投标办法》，不断提高电子招标投标的广度和深度，促进招标投标市场健康可持续发展。

2015 年 8 月，国家认监委等七部委发布《关于〈电子招标投标系统检测认证管理办法（试行）〉的通知》（国认证联〔2015〕53 号），规范电子招标投标系统检测认证活动，根据《中华人民共和国产品质量法》、《中华人民共和国招标投标法》及其实施条例、《中华人民共和国认证认可条例》、《电子招标投标办法》等法律法规规章，开展电子招标投标系统检测认证工作。唯有检测认证通过的平台，才可以推广运营。

2017 年 2 月 21 日，国务院办公厅印发《关于促进建筑业持续健康发展的意见》（国办发〔2017〕19 号），明确要求加快推进建筑信息模型（BIM）技术在规划、勘察、设计、施工和运营维护全过程的集成应用，实现工程建设项目全生命周期数据共享和信息化管理，为项目方案优化和科学决策提供依据，促进建筑业提质增效。

2018 年 5 月 16 日 15 点 06 分，全国首个应用 BIM 技术的电子招投标项目"万宁市文化体育广场 - 体育广场项目体育馆、游泳馆工程"在海南省人民政府政务服务中心顺利完成开评标工作。该项目评标会顺利完成标志着电子招投标正式进入三维模型时代，即传统纸质招投标到电子化招投标变革成功后又一次取得了革命性的技术成果创新，在评标过程中引入 BIM 技术，实现了从全流程电子化招投标到可视化、智能化的变革，并为后续的人工智能评标和大数据应用打下了良好的基础。

2）工程建设电子化招投标的优势

①节约招标采购资金。实施电子化招投标，实现了电子化的招投标文件，节约了招标

文件的印刷费，大大减少了环境污染，促进了节能减排；并且在开标的时候不需要投标人亲临现场，而是通过网络直播就可以实现，节约了投标人的来回费用、会议费等；还可实现电子化的评标，进一步提高了评标效率。

②提高招标信息的透明度。电子化招投标实现了招标信息的透明化目的，创建招投标信息档案库，实现了参与招投标的信息真实度。有效地规范了招投标流程，避免了在招投标过程中的人为干扰和虚假行为，实现了公平、公正、公开原则。电子化招投标要求投标人通过网上报名、下载招标文件及缴纳招标保证金等，有效地拦截了围标、串标的信息源，防止了围标、串标的行为。还能够方便招投标部门对招投标过程的监督和管理，通过专门的账户能够实时地对项目的动态进行管理和掌控，也规范了监督模式。

③实现了招投标的集中化管理。首先创建电子化招投标系统，内部实现了供应商、招标、评标等一系列的数据信息的资源共享，便于集中化管理。另外电子化招投标使用的人性化的操作模式，一些高难度的人为工作通过计算机实现，降低了人为工作的失误率，提高了招投标过程的效率。

3）工程建设电子化招投标的发展趋势。电子化招投标已经是招投标的发展趋势，但是在电子化招投标发展的过程中存在着一系列的问题，要想使电子化招投标可持续发展，就要完善其中的问题。

①制定有效的电子化招投标制度和规范。依据法律规定规范电子化招投标的过程，将其能够真实、可靠地反映出来，使电子化招投标过程中的各个程序都能够相互整合、兼容协调地运行。电子化招投标系统使用的是电子信息技术，能够有效地使招标人规范、便捷地进行招标采购任务和满足招标项目之后的信息管理需求，系统保障了招标信息的开放性和及时性，所以就要根据法律保障投标、评标等方面的安全性和保密性，保障电子化的招标文件和操作流程只能根据指定的人员、时间阅读和修改，不可对其进行任意修改或者销毁。

②创建电子化招投标交易平台。创建电子化招投标交易平台目的就是为了能够使不同的电子化招标项目能够与服务管理系统相互连通，使招标信息及公共性的交易能够实时共享，并且具有开放性，还要创建科学、有效的招投标监督和管理机制，规范招投标管理机构的监督方式，使其具备全面、实时性的服务信息网络平台。只要是与招投标相关的管理部门、人员，都要进行身份加密，在网上进行招投标的时候，也应该进行身份加密，保障招投标活动的安全性及保密性。

③引入 BIM 技术。BIM 技术的推广与应用，能极大地促进了招投标管理的精细化程度和管理水平。在招投标过程中，招标方根据 BIM 模型可以编制准确的工程量清单，达到清单完整、快速算量、精确算量，有效地避免漏项和错算等情况，最大程度地减少施工阶段因工程量问题而引起的纠纷。投标方根据 BIM 模型快速获取正确的工程量信息，与招标文件的工程量清单比较，可以制定更好的投标策略。

在招标控制环节，准确和全面的工程量清单是核心关键，而工程量计算是招投标阶段耗费时间和精力最多的重要工作。而 BIM 是一个富含工程信息的数据库，可以真实地提供工程量计算所需要的物理和空间信息。借助这些信息，计算机可以快速对各种构件进行统计分析，从而大大减少根据图纸统计工程量带来的繁琐的人工操作和潜在错误，在效率和准确性上得到显著提高。

在开评标环节，利用 BIM 可视化技术为专家提供直观的方案展示，专家在评审中可以对建筑物外观、内部结构、周围环境、各个专业方案等进行详细分析和对比，并且可以借助 BIM 方案展示，模拟整个施工过程进度和资金计划，使得评标过程更加科学、全面、高效和准确。

综上所述，利用 BIM 技术可以提高招标投标的质量和效率，有力地保障工程量清单的全面和精确，促进投标报价的科学性、合理性，提升评标质量与评标效率，加强招投标的精细化管理，减少风险，进一步促进招标投标市场的规范化、市场化、标准化的发展。

7.2 招投标流程简介

招标与投标是一个整体活动，涉及业主和承包商两个方面，招标作为整体活动的一部分主要是从业主的角度揭示其工作内容，但同时又要注意招标与投标活动的关联性，不能将二者撕裂开来。建设工程施工招标程序主要是指招标工作在时间和空间上应遵循的先后顺序，在此以资格预审方式为例进行介绍，资格后审与预审的主要区别在于资格审查的时间点不同。

（1）发布资格预审公告、招标公告或投标邀请书。招标项目采用公开招标方式的，在招标之初首先应发布招标公告；招标人采用资格预审办法对潜在投标人进行资格审查的，应当发布资格预审公告代替招标公告。《招标公告发布暂行办法》（国家发展计划委员会第 4 号令，根据 2013 年 3 月 11 日《关于废止和修改部分招标投标规章和规范性文件的决定》2013 年第 23 号令修正）第四条规定，依法必须招标项目的招标公告必须在指定媒介发布。招标公告的发布应当充分公开，任何单位和个人不得非法限制招标公告的发布地点和发布范围；第五条规定，指定媒介发布必须依法发布招标项目的招标公告，不得收取费用，但发布国际招标公告的除外。国家发展改革委根据国务院授权，负责指定发布依法必须招标项目招标公告的报纸、信息网络等媒介（以下简称指定媒介），并对招标公告发布活动进行监督。招标项目采用邀请招标方式的，招标人要向 3 个及以上具备承担生产能力的、资信良好的、特定的承包人发出投标邀请书，邀请他们申请投标资格审查，参加投标。

（2）资格预审。由招标人对申请参加投标的潜在投标人进行资质条件、业绩、信誉、技术、资金等多方面情况进行资格审查，只有被认定为合格的投标人，才可以参加投标。

（3）发售招标文件，收取投标保证金。招标人应当按照资格预审公告、招标公告或者投标邀请书规定的时间、地点发售资格预审文件或者招标文件。招标人发售资格预审文件、招标文件收取的费用应当限于补偿印刷、邮寄的成本支出，不得以营利为目的。招标文件一旦售出，不予退还。资格预审文件或者招标文件的发售期不得少于 5 日。招标文件从开始发出之日起至投标人提交投标文件截止之日止不得少于 20 日。投标人收到招标文件、图纸和有关技术资料后应认真核对，核对无误后应以书面形式向招标人予以确认。

招标人可以对已发出的招标文件进行必要的澄清或者修改。澄清或者修改的内容可能影响投标文件编制的，招标人应当在提交投标截止时间至少 15 日前，以书面形式通知所有获取招标文件的潜在投标人；不足 15 日的，招标人应当顺延提交投标文件的截止时间。

招标人在招标文件中可以要求投标人提交一定的投标保证金，投标保证金不得超过招标项目估算价的 2%。

（4）现场踏勘。招标人根据招标项目的具体情况，组织投标人踏勘现场，向其介绍工程场地和相关环境的有关情况。投标人依据招标人介绍情况做出的判断和决策，由投标人自行负责。招标人不得组织单个或部分潜在投标人踏勘项目现场。

（5）召开投标预备会、招标文件答疑。投标人应在招标文件规定的时间前，以书面形式将提出的问题送达招标人，由招标人以投标预备会或以书面答疑的方式澄清。

招标文件中规定召开投标预备会的，招标人按规定时间和地点召开投标预备会，澄清投标人提出的问题。预备会后，招标人需要在招标文件中规定的时间之前，将对投标人所提问题的澄清以书面形式通知所有购买招标文件的投标人。投标人对招标文件有异议的，应当在投标截止时间 10 日前提出。

（6）投标文件提交。投标人根据招标文件的要求，编制投标文件，并进行密封和标记，在投标截止时间前按规定的地点提交至招标人。招标人应当如实记载投标文件的送达时间和密封情况，并存档备查。

（7）开标。招标人在招标文件中规定的提交投标文件截止时间的同一时间，在招标文件中预先确定的地点，按照规定的流程进行公开开标。参加开标会议的人员，包括招标人、招标代理机构、投标人法定代表人或其委托代理人、招标投标管理机构的监管人员和招标人邀请的公证机构的人员等。开标会议由招标人或招标代理机构组织，由招标人或招标代理机构人员主持，并在招标投标管理机构的监督下进行。

（8）评标。由招标人组建评标委员会，在招标投标监管机构的监督下，依据招标文件规定的评标标准和方法，对投标人的报价、工期、质量、主要材料用量、施工方案或施工组织设计等方面进行评价，形成书面评标报告，向招标人推荐中标候选人或在招标人的授权下直接确定中标人。

（9）定标。评标结束产生定标结果，招标人依据评标委员会提出的书面评标报告和推荐的中标候选人确定中标人，也可授权评标委员会直接确定中标人。招标人应当自定标之日起 15 日内向招标投标管理机构提交招标投标情况的书面报告。

（10）发出中标通知书。中标人选定后由招标投标监管机构核准，获批后在招标文件中规定的投标有效期内招标人以书面形式向中标人发出"中标通知书"，同时将中标结果通知所有未中标的投标人。

（11）签订合同。招标人和中标人应当在投标有效期内并在自中标通知书发出之日起 30 日内，按照招标文件和中标人的投标文件订立书面合同。招标人和中标人不得再自行订立背离合同实质性内容的其他协议。同时，招标文件要求中标人提交履约保证金的，中标人应当提交。招标人最迟应当在与中标人签订合同 5 日内，向中标人和未中标的投标人退还投标保证金及银行同期存款利息。

7.3　BIM 招标管理

招标文件是招标人向潜在投标人发出并告知项目需求、招标投标活动规则和合同条件等信息的邀约邀请文件，是项目招标投标活动的主要依据，对招标投标活动各方均具有法律约束力。从合同订立的程序分析，招标文件的法律性质属于邀约邀请，作用在于吸引投标人的注意，希望投标人按照招标人的要求向招标人发出邀约。招标文件通常由业主委托招标代理机构或由中介服务机构的专业人士负责编制，由建设招投标管理机构负责审定。未经建设招投标管理机构审定的，建设工程招标人或招标代理机构不得将招标文件分送给投标人。

招标文件是整个工程招投标和施工过程中最重要的法律文件之一，它不仅规定了完整的招标程序，而且还提出了各项具体的技术标准和交易条件，规定了拟订立合同的主要内容，是投标人准备投标文件和参加投标的依据，是评审委员会评标的依据，也是拟订合同的基础，对参与招投标活动的各方均有法律效力。

招标文件的组成和主要内容《中华人民共和国标准施工招标文件》由国家发改委、原建设部等九部委联合编制，于 2007 年 11 月 1 日国家发改委令第 56 号发布，并于 2008 年 5 月 1 日起在全国试行。2010 年住建部又发布了配套的《中华人民共和国房屋建筑和市政工程标准施工招标文件》，简称"行业标准施工招标文件"，广泛适用于一定规模以上的房屋建筑和市政工程的施工招标。

"行业标准施工招标文件"共分为四卷八章，主要内容包括：招标公告（投标邀请书）、投标人须知、评标办法（经评审的最低投标价法、综合评估法）、合同条款及格式、工程量清单、图纸、技术标准和要求、投标文件格式。

主要内容按照功能作用可以分成三部分：一是招标公告或投标邀请书、投标人须知、评标办法、投标文件格式等，主要阐述招标项目需求概况和招标投标活动规则，对参与项目招标投标活动各方均有约束力，但一般不构成合同文件；二是工程量清单、设计图纸、技术标准和要求、合同条款等，全面描述招标项目需求，既是招标投标活动的主要依据，也是合同文件构成的重要内容，对招标人和中标人具有约束力；三是参考资料，供投标人了解分析与招标项目相关的参考信息，如项目地址、水文、地质、气象、交通等参考资料。

"行业标准施工招标文件"既是项目招标人编制施工招标文件的范本，也是有关行业主管部门编制行业标准施工招标文件的依据，其中的"投标须知""评标办法""通用合同条款"在行业标准施工招标文件和试点项目招标人编制的施工招标文件中必须不加修改地引用，其他内容供招标人参考。

BIM 技术引入招投标后，需在以上招标文件内容之外增加 BIM 任务书和 BIM 评标办法这两部分内容。

BIM 任务书部分主要包括两个部分，第一部分是在本次招投标过程中，投标人需利用 BIM 技术完成 BIM 可视化投标文件部分的要求说明，该说明应对接 BIM 评标办法，来指导投标人完成评标时必须展示的 BIM 可视化部分。另一部分是关于项目实施过程中对投标人利用 BIM 技术进行施工管理的实施深度和精度的要求说明，包括项目实施阶段 BIM 管理范围及精细程度，最终移交运维时提供的 BIM 竣工模型精度要求等内容方便投标人准确评估对于 BIM 管理方案的投入。

（1）投标人须知。投标人须知的相关内容见表 7-1。

表 7-1　投标人须知的相关内容

条款号	条款名称	编列内容
1.1.1	项目名称	某某学校专用宿舍楼项目
1.1.2	招标人	名称：某某学校 地址： 联系人： 电话：
1.1.3	招标代理	名称：某某招标代理有限公司 地址： 联系人： 电话：
⋮	⋮	⋮
1.13.1	BIM 技术	□本项目不采用 BIM 技术 □本项目采用 BIM 技术，BIM 技术要求详见第十章"任务书要求"
1.24.2	投标文件的递交	□以电子光盘形式现场递交 □电子版投标文件上传地址
1.28.3	评标方法	□综合评 103 审分法 □最低价法

（2）任务书要求

①针对本次招标活动，投标人需根据图纸内容，完成地下一层、地上三层的模型构建，模型精度需满足 LOD300，模型中至少包括土建、钢筋和粗装修专业。

②针对本次招标项目，投标人需根据施工组织设计内容，完成施工阶段 BIM 实施方案的编制，方案中应包括：BIM 应用目标、组织机构及岗位职责、软硬件配置、BIM 应用价值点和 BIM 实施保障及措施等。

③针对本次招标项目，投标人需根据施工进度完成至少 2 个项目施工模拟动画的编制及至少 3 个工艺视频的制作。

④针对本次招标项目，投标人需根据施工组织进度完成至少一个场地布置模型的编制。

⑤项目竣工验收时需提交完成的 BIM 模型，精度达到 LOD400。

⑥施工单位在项目进行过程中需执行的义务，配合业主完成与设计单位的 BIM 沟通、BIM 管理平台的开展等工作。

（3）评标办法。评标办法相关内容见表 7-2。

表 7-2　评标办法

序号	评分项	具体要求	分数	备注说明
1	模型完整度	完成全部楼层的模型构建，各专业齐全，模型精度达到 LOD300，包含构建施工所需信息	15～20 分	
		完成全部楼层的模型构建，各专业齐全，模型精度未达到要求，缺少部分构建信息	10～14 分	
		完成全部楼层的模型构建，专业不齐全，模型精度未达到要求，缺少部分构建信息	5～9 分	
		完成部分楼层的模型构建，专业不齐全，模型精度未达到要求，缺少部分构建信息	0～4 分	

续表

序号	评分项	具体要求	分数	备注说明
2	BIM 实施方案	BIM 实施方案（组织机构及岗位职责、软硬件配置、BIM 应用价值点、保障机制）切实结合施工组织设计安全、可行，对施工重点、难点促进作用明显，各阶段 BIM 模型及应用成果交付计划清晰；BIM 协调管理机制设计合理，能让各 BIM 参与方有序、高效工作	15～20 分	
		BIM 实施方案切实结合施工组织设计安全、可行，对施工重点、难点有促进作用，有各阶段 BIM 模型及应用成果交付计划；BIM 协调管理机制设计合理，能让各 BIM 参与方有序、高效工作	10～14 分	
		BIM 实施方案安全、可行，对施工重点有促进作用，有各阶段 BIM 模型应用成果交付计划；BIM 协调管理机制可行，各 BIM 参与方可以有效沟通	5～9 分	
		BIM 实施方案安全、可行，有各阶段 BIM 模型及应用成果交付计划；没有 BIM 协调管理机制，或 BIM 协调管理机制不可行，不能有效沟通各 BIM 参与方	0～4 分	

7.4　BIM 投标管理

7.4.1　投标程序

工程项目投标一般要经过如下几个步骤：投标人了解招标信息，申请投标；建筑企业根据招标广告或投标邀请书，分析招标工程的条件，依据自身的实力，选择投标工程；向招标人提出投标申请，并提交有关资料；接受招标人的资质审查；购买招标文件及有关技术资料；参加现场踏勘，并对有关疑问提出质询；编制投标书及报价，其中投标书是投标人的投标文件，是对招标文件提出的要求和条件作出的实质性响应；参加开标会议；接受中标通知书，与招标人签订合同。

本教材将从以下几个环节的内容展开阐述，包括购买招标文件、研读招标文件、校核工程量、现场踏勘、投标预备会、编制施工规划等内容。

（1）购买招标文件。投标人在进入正式的投标阶段之后，进行招标文件的购买，随着电子招投标模式的推行，招标文件的购买可以通过两种方式展开，网上购买电子版与现场购买纸质版。无论哪种方式都要根据招标公告或投标邀请书的要求，在规定的时间之内进行招标文件的购买。网上购买可通过电子汇款方式，按照要求将购买招标文件所需费用支付，同时提交营业执照、组织机构代码等相关证件资料。现场购买要根据招标公告或投标邀请书的要求，在规定时间之内到达规定地点进行购买，同时也要提交上述资料。

（2）研读招标文件。招标文件是投标和报价的重要依据，对其理解的深度将直接影响到投标结果，因此投标人应组织有力的各专业技术人员对招标文件进行仔细分析与研究。研究招标文件，重点应放在投标须知、合同条件、设计图纸、工程范围及工程量表上。应有专业小组研究技术规范和设计图纸，弄清其特殊要求。

1）首先检查招标文件内容是否齐全及字迹是否模糊不清，在检查后，组织投标班子的全体人员认真阅读。负责技术部分的专业人员重点阅读技术卷与图纸，商务、预算人员精读投标须知和报价部分。

2）认真研读完招标文件后，全体人员相互讨论解答招标文件存在的问题，做好备忘录，等待现场踏勘了解，或在答疑会上以书面形式提出质疑，要求招标人澄清。

①属于招标文件本身的问题，如图纸尺寸与说明不符，技术要求不明，文字含糊不清，合同条款数据缺漏，可以在招标文件中规定的时间之内，向招标人提出质疑，要求给予澄清。

②与项目施工现场有关的问题，拟出调查提纲，确定重点要解决的问题，可通过现场踏勘进行了解，如果仍有疑问，也可提出质疑要求澄清。

③如果发现的问题对投标人有利，可以在投标时加以利用或在以后提出索赔要求，这类问题投标人一般在投标时不会提出，待中标后情势有利时提出获取索赔。

3）研究招标文件的要求，掌握招标范围，熟悉图纸、技术规范、工程量清单，熟悉投标书的格式、签署方式、密封方法和标志，掌握投标截止日期，以免错失投标机会。

4）研究评标方法和评标标准，同时研究合同协议书、通用条款和专用条款。合同形式是总价合同还是单价合同，价格是否可以调整。分析拖延工期的罚款，保修期的长短和保证金的额度。研究付款方式、违约责任等。根据权利义务关系分析风险，将风险考虑到报价中。

（3）校核工程量。对于招标文件中的工程量清单，投标者一定要进行校核，因为它直接影响投标报价及中标机会。

对于工程量清单招标方式，招标文件里包含有工程量清单，一般不允许就招标文件做实质性变动，招标文件中已给定的工程量不允许做增减改动，否则有可能因为未实质性响应招标文件而成为废标。但是对于投标人来说仍然要按照图纸复核工程量，做到心中有数。同时因为工程量清单中的各分部（分项）工程的工程量并不十分准确，若设计深度不够则可能有较大误差，而工程量的多少是选择施工方法、安排人力和机械、准备材料必须考虑的因素，自然也影响分项工程的单价。对于单价合同，若发现所列工程量与调查及核实结果不同，可在编制标价时采取调整单价的策略，即提高工程量可能增加的项目单价，降低工程量可能减少的项目单价。对于总价合同，特别是固定总价合同，若发现工程量有重大出入的，特别是漏项的，必要时可以找招标单位核对，要求招标单位认可，并给予书面证明。如果业主在投标前不给予更正，而且是对投标人不利的情况，投标人应在投标时附上说明。

复核工程量清单的目的不是修改清单，而是为报价做好充分准备。根据复核后的招标文件中清单工程量的差距，考虑相应的投标策略，决定报价尺度。另外，要把施工方案及施工工艺引起的工程量增量考虑到综合单价中。根据工程量的大小采取合适的施工方法，选择适用、经济的施工机具设备、投入使用的劳动力数量等。同时为施工过程中的索赔寻找依据。为了将来材料设备采购做到心中有数。

工程量偏差一般有三种情况，针对不同的情况，投标人应采取不同的处理策略。

1）工程量计算错误或有漏项，可以在招标文件规定的期限内向招标单位提出异议。若业主不同意修改工程量或对量差不负责时，施工单位应用综合单价进行修改，以实际工程量（施工工程量）计算工程造价，以招标文件的清单数量进行报价。工程量清单没有考虑施工过程的施工损耗，在编制综合单价时，要在材料消费量中考虑施工损耗。

2）图纸中有错误，如梁板结构错误，图纸不符合强制性标准导致开工后工程量的变动等，这些是工程索赔的依据。所以在工程量清单报价时，要注意报价技巧，可以先报低价，再通过变更，索赔等方式增加结算收入。

3）将来施工时可能发生的设计变更所引起的工程量的增减。设计人员在进行施工图设计时对施工中可能出现的一些问题考虑不周全，而投标人根据自己的施工经验及实际情况就可以确定哪些内容在将来可能发生变更，变更以后工程量是增加还是减少，在投标报价时就能确定出针对性的不平衡报价策略。

（4）现场踏勘。现场踏勘是投标中极其重要的准备工作，主要指的是去工地现场进行考察，招标单位一般在招标文件中要注明现场考察的时间和地点，在文件发出后就应安排投标者进行现场考察的准备工作。现场踏勘既是投标者的权利又是他的职责。因此，投标者在报价以前必须认真地进行施工现场考察，全面、仔细地调查了解工地及其周围的政治、经济、地理等情况。

现场踏勘是投标者必须经过的投标程序。按照国际惯例，投标者提出的报价单一般被认为是在现场考察的基础上编制的。一旦报价单提出之后，投标者就无权因为现场勘察不周，情况了解不细或考虑不全面而提出修改投标、调整报价或提出补偿等要求。踏勘现场之前，通过仔细研究招标文件，对招标文件中的工作范围、专用条款及设计图纸和说明，拟定调研提纲，确定重点要解决的问题。

进行现场踏勘主要从下述几个方面调查了解。

1）施工现场是否达到招标文件规定的条件，如"三通一平"等；

2）施工的地理位置和地形、地貌、施工现场的地址、土质、地下水位、水文等情况；

3）施工现场的气候条件，如气温、湿度、风力等；

4）现场的环境，如交通、供水、供电、污水排放等；

5）临时用地、临时设施搭建等，即工程施工过程中临时使用的工棚、堆放材料的库房，施工现场附近有无住宿条件、料场开采条件、其他加工条件、设备维修条件等；

6）项目建设现场及周边的人文建筑和人文环境情况等；

7）工地附近治安情况。

现场踏勘除了调查施工现场的情况外，还应了解工程所在地的政治形势、经济形势、法律法规、风俗习惯、自然条件、生产和生活条件，调查发包人和竞争对手。通过调查，投标人可以采取相应对策，提高中标的可能性。

（5）投标预备会。招标文件规定召开投标预备会的，投标人应按照招标文件规定的时间和地点参加会议，并将研究招标文件后存在的问题，以及在现场踏勘后仍有疑问之处，在招标文件规定的时间前以书面形式将提出的问题送达招标人，由招标人在会议中澄清，并形成书面意见。

招标文件规定不召开投标预备会的，投标人应在招标文件规定的时间前，以书面形式将提出的问题送达招标人，由招标人以书面答疑的方式澄清。书面答复与招标文件同样具有法律效力。

（6）编制施工规划。施工项目投标的竞争主要是价格的竞争，而价格的高低与所采用的施工方案及施工组织计划密切相关，所以在确定标价前必须编制好施工规划。

在投标过程中编制的施工规划，其深度和广度都比不上施工组织设计。如果中标需再次编制施工组织设计，施工规划一般由投标人的技术负责人支持制定，内容一般包括各分部分项工程施工方法、施工进度计划、施工机械计划、材料设备计划和劳动力安排计划，以及临时生产、生活设施计划。施工规划的制定应在技术和工期两方面吸引招标人，对投标人来说又能降低成本，增加利润。制定的主要依据是设计图纸、执行的规范、经复核的工程量、招标文件要求的开竣工日期以及对市场材料、设备、劳动力价格的调查等。

1）选择和确定施工方法。根据工程类型，研究可以采用的施工方法，对于一般的土方工程、混凝土工程、房建等比较简单的工程，可结合已有施工机械及工人技术水平来选择实施方法，努力做到节约开支，加快进度。对于大型复杂工程则要考虑几种不同的施工方案，进行综合比较。

2）选择施工机械和施工设施。一般与研究施工方法同时进行。在工程预算过程中，要不断进行施工机械和施工设施的比较，如利用旧设备还是采购新设备，租赁还是购买，在国内采购还是在国外采购等。

3）编制施工进度计划。编制施工进度计划要紧密结合施工方法和施工设备考虑。施工进度计划中应提出各时段应完成的工程量及限定日期。施工进度计划是采用网络进度还是横道图线性计划，应根据招标文件要求而定。

7.4.2　投标文件的编制

投标文件的组成必须与招标文件的规定一致，不能带有任何附加条件，否则可能导致被否定或废标。具体内容及编写要求如下。

（1）投标文件的组成。投标文件的组成，也就是投标文件的内容。根据招标项目的不同，地域的不同，投标文件的组成上也会存在一定的区别，但重要的一点是投标文件的组成一定要符合招标文件的要求。一般来说投标文件由投标函、商务标、技术标构成。2010年由国家发改委、住建部等部委联合编制的《房屋建筑和市政工程标准施工招标文件》第八章"投标文件格式"明确规定了投标文件的组成和格式。

（2）投标函编制。投标函是指投标人按照招标文件的条件和要求，向招标人提交的有关报价、质量目标等承诺和说明的函件。是投标人为响应招标文件相关要求所做的概括性说明和承诺的函件，一般位于投标文件的首要部分，其内容必须符合招标文件的规定。

投标函部分主要包括下列内容：

1）投标函；
2）法定代表人身份证明书；
3）投标文件签署授权委托书；
4）投标保证金缴纳成功回执单；
5）项目管理机构配备情况表；
6）项目负责人简历表；
7）项目技术负责人简历表；
8）项目管理机构配备情况辅助说明资料；
9）招标文件要求投标人提交的其他投标资料。

（3）技术标编制。技术标包括全部施工组织设计内容，用以评价投标人的技术实力和建设经验。技术复杂的项目对技术文件的编写内容及格式均有详细要求，应当认真按照规定填写标书文件中的技术部分，包括技术方案，产品技术资料，实施计划等等。对于大中型工程和结构复杂、技术要求较高的工程来说，投标文件技术部分往往是能否中标的关键性因素。投标文件技术部分通常就是一份完整的施工组织设计。

1）技术标编制内容

①确保基础工程的技术、质量、安全及工期的技术组织措施；

②各分部分项工程的主要施工方法及施工工艺；

③拟投入本工程的主要施工机械设备情况及进场计划；

④劳动力安排计划；

⑤主要材料投入计划安排；

⑥确保工程工期、质量及安全施工的技术组织措施；

⑦确保文明施工及环境保护的技术组织措施；

⑧质量通病的防治措施；

⑨季节性施工措施；

⑩计划开、竣工日期和施工平面图、施工进度计划横道图及网络图。

2）技术标编制依据。单位工程施工组织设计的编制依据：

①建设单位的意图和要求；

②工程的施工图纸及标准图；

③施工组织总设计对本单位工程的工期、质量和成本控制要求；

④资源配置情况；

⑤建筑环境、场地条件及地质、气象资料，如工程地质勘察报告、地形图和测量控制等；

⑥有关的标准、规范和法律；

⑦有关技术新成果和类似建设工程项目的资料和经验。

3）BIM 技术在技术标编制中的应用。目前，BIM 技术已经被广泛应用在施工组织中。在施工方案制定环节，利用 BIM 技术可以进行施工模拟，分析施工组织、施工方案的合理性和可行性，排除可能的问题。例如管线碰撞问题、施工方案（深基坑、脚手架）模拟等的应用，对于结构复杂和施工难度高的项目尤为重要。在施工过程中，将成本、进度等信息要素与模型集成，形成完整的 5D 施工模拟，帮助管理人员实现施工全过程的动态物料管理、动态造价管理、计划与实施的动态对比等，实现施工过程的成本、进度和质量的数字化管控。

同时，BIM 技术的应用也可以更高效地进行施工策划，进而使智慧施工策划成为可能。智慧施工策划主要特征是，应用信息系统，自动采集项目相关数据信息，结合项目施工环境、节点工期、施工组织、施工工艺等因素，对项目施工场地布置、施工机械选型、施工进度、资源计划、施工方案等内容做出智能决策或提供辅助决策的数据。

如今许多施工企业和 BIM 软件服务商正在积极探索智慧施工策划应用，但是由于智慧施工才刚刚起步，加之受软件系统的制约，现阶段智慧施工策划只是在施工场地布置、进度计划编制、资源计划编制和施工方案模拟等方面取得了一些成果。这些成果主要是以BIM 技术等相关技术为基础开展的。

（4）商务标编制

1）商务标编制。《房屋建筑和市政工程标准施工招标文件》第八章"投标文件格式"明确规定了投标文件的组成和格式。其中商务标主要包括下列内容：

①已标价工程量清单；

②项目管理机构；

③拟分包项目情况表；

④资格审查资料；

⑤投标人须知前附表规定的其他资料。

其中①项为经济标，即工程项目的投标报价文件。②～⑤项称之为资信标。

2）资信标编制。资信标是对投标企业的资格及信用程度审查的资料内容，主要包括企业的项目管理机构、机械设备情况、人员及财务情况、资格审查资料、业绩及获奖情况等。资信标编制在投标文件编制过程中起到很重要的作用，在进行综合评估法进行评标时占据一定的分值，同时一定程度上能够体现投标人的经济实力及公司运营状况，所以此部分作为评标专家的主要评判内容，需要投标人认真准备相关资料，进行编制，将结果体现在投标文件中。

7.5　开标、评标与定标

7.5.1　开标概述

开标应在招标文件规定的提交投标文件截止的同一时间，在有形建筑市场公开进行，并邀请所有投标人代表参加开标会议。开标会议由招标人组织并主持。投标人法定代表人或法定代表人的委托代理人未按时参加开标会议，视为弃权处理。参加会议的投标人的法定代表人或其委托代理人应携带本人身份证明，委托代理人还应携带参加开标会议的授权委托书（原件），以证明其身份。

开标时，由投标人或者其推选的代表检查投标文件的密封情况，也可以由招标人委托的公证机构检查并公证；经确认无误后，由工作人员当众拆封，宣读投标人名称、投标价格和投标文件的主要内容。招标人在招标文件要求提交投标文件的截止时间前收到的所有投标文件，开标时都应当众予以宣读。

唱标应按送达投标文件时间的先后顺序进行，唱标内容应做好记录，并请投标人的法定代表人或授权代理人签字确认。招标人应对开标过程进行记录，存档备查。

7.5.2　开标会议流程

（1）主持人宣布开标会议开始。

（2）介绍参加开标会议的单位和人员名单。

（3）宣布监标、唱标、记录人员名单。

（4）重申评标原则、评标办法。

（5）检查投标人提交的投标文件的密封情况，并宣读核查结果。

（6）宣读投标人的投标报价、工期、质量、主要材料用量、投标保证金或者投标保函、优惠条件等。

（7）宣布评标期间的有关事项。

（8）监标人宣布工程标底价格（设有标底的）。

（9）宣布开标会结束，转入评标阶段。

7.5.3 无效投标文件

通常当投标文件出现下列情形之一的，应作为无效投标文件处理。

1）投标文件未按规定标识进行密封、盖章的。

2）投标文件未按招标文件的规定加盖投标人印章或未经法定代表人或其委托代理人签字或盖章，委托代表人签字或盖章但未提供有效的"授权委托书"原件的。

3）投标文件未按招标文件规定的格式、内容和要求填报，投标文件的关键内容字迹模糊、无法辨认的。

4）投标人在投标文件中对同一招标项目报有两个或多个报价，且未书面声明以哪个报价为准的。

5）投标人未按照招标文件的要求提供投标保证金或者投标保函的。

6）组织联合体投标的，投标文件未附联合体各方共同投标协议的。

7）投标人与通过资格审查的投标申请人在名称上和法人地位上发生实质性改变的。

开标现场出现招标文件里规定的无效投标文件情形的，由开标记录员如实记录在开标记录中，开标现场不做评判。

7.5.4 评标

工程投标文件评审与中标人的确定，是招投标工作的关键，也是招投标程序的重要步骤。

依照《中华人民共和国招标投标法》及相关法规，依法必须招标的项目，其评标活动遵循公平、公正、科学、择优的原则。评标活动依法进行，任何单位和个人不得非法干预或者影响评标的过程和结果。招标人应当采取必要措施，保证评标活动在严格保密的情况下进行。评标活动及其当事人应当接受依法实施的监督。

7.5.5 评标组织

（1）评标机构。评标委员会依法组建，负责评标活动，向招标人推荐中标候选人或者根据招标人的授权直接确定中标人。

评标委员会由招标人负责组建。评标委员会成员名单一般应于开标前确定。评标委员会成员名单在中标结果确定前应当保密。

评标委员会由招标人或其委托的招标代理机构中熟悉相关业务的代表，以及有关技术、经济等方面的专家组成，成员人数为五人以上单数，其中技术、经济等方面的专家不得少于成员总数的三分之二。

技术、经济等专家应当从事专业领域工作满8年且具有高级职称或具有同等专业水平，评标委员会的专家成员应当从依法组建的专家库内的相关专家名单中确定。

一般项目，可以采取随机抽取的方式；技术特别复杂、专业性要求特别高或者国家有特殊要求的招标项目，若采取随机抽取按方式确定专家，但专家又难以胜任的，可以由招标人直接确定。

评标委员会设负责人的，评标委员会负责人由评标委员会成员推举产生或者由招标人确定。评标委员会负责人与评标委员会的其他成员有同等的表决权。

评标委员会成员应当客观、公正地履行职责，遵守职业道德，对所提出的评审意见承担个人责任。

评标委员会成员不得与任何投标人或者招标结果有利害关系的人进行私下接触，不得收受投标人、中介人、其他利害关系人的财物或者其他好处。

评标委员会成员和与评标活动有关的工作人员不得透露对投标文件的评审和比较、中标候选人的推荐情况以及评标有关的其他情况。

（2）评标的原则

1）公平竞争、机会均等的原则。制定评标定标办法时，对各投标人应一视同仁，不得存在对某一方有利或不利的条款。在定标结果正式出来之前，中标的机会是均等的，不允许针对某一特定的投标人在某一方面的优势或弱势而在评标定标具体条款中带有倾向性。

2）客观公正、科学合理的原则。对投标文件的评价、比较和分析要客观公正，不以主观好恶为标准。对评审指标的设置和评分标准的具体划分，都要在充分考虑招标项目的具体特点和招标人合理意愿的基础上，尽量避免和较少人为因素，做到科学合理。

3）实事求是、择优定标的原则。对投标文件的评审，要从实际出发，实事求是。评标定标活动既要全面，也要有重点，不能泛泛进行。

7.5.6 评标程序

（1）召开评标会。开标会结束后，工作组整理开标资料，将开标资料转移至评标会地点并分发到评标专家组工作室，安排评标委员会成员报到。评标专家报到后，由评标组织负责人召开第一次全体会议，宣布评标会开始。

首次会议一般由招标人或其主持人主持，评标会监督人员开启并宣布评标委员会名单和评标纪律，评标委员会主任委员宣布专家分组情况、评标原则和评标办法、日程安排和注意事项。招标人代表届时介绍项目基本情况，招标机构介绍项目招标和开标情况。如设有入围条件，招标结果应按评标办法当众确定入围投标人名单；如设有标底，则需要介绍标底设置情况，也可由工作组在评标会监督人员的监督下当众计算评标标底。同时，工作组可按评审项目及评标表格整理投标人的对比资料，分发到专家组，由专家组进行确认。

（2）资格复审或后审。为确认投标人资格条件与投标预审相符，应对采用资格预审的招标项目投标人资格条件进行复审；对于采用资格后审的项目，可以在此阶段进行资格审查，淘汰不符合资格条件的投标人。

（3）投标文件的澄清、说明或补正。对于投标文件中含义不明确、同类问题表述不一致或者有明显文字和计算错误的内容，评标委员会可以书面方式要求投标人以书面方式做必要的澄清、说明或者补正，但不得超出投标文件的范围或者改变投标文件的实质性内容。开标后，投标人对价格、工期、质量等级等实质性内容提出的任何修正声明或者附加优惠条件，一律不得作为评标组织评标的依据。所澄清和确认的问题，应当采取书面形式，经招标人和投标人双方签字后，作为投标文件的组成部分，列入评标依据范围。

1）细微偏差的认定。细微偏差是指投标文件在实质上响应招标文件要求，但在个别地方存在漏项或者提供了不完整的技术信息和数据等情况，并且补正这些遗漏或者不完整不会对其他投标人造成不公平的结果。细微偏差不影响投标文件的有效性。

评标委员应书面要求存在细微偏差的投标人在评标结束前予以补正。拒不补正的，在详细评审时可以对细微偏差做不利于该投标人的量化，量化标准应当在招标文件中规定。

2）算术错误的处理。在详细评标前，招标人或评标委员一般按以下原则纠正其算术错误。

①当以数字表示的金额与文字表示的金额有差异时，以文字表示的金额为准。

②当单价与数量相乘不等于总价时，以单价计算为准。

③如果单价有明显的小数点差错，应以标出的总价为准，同时对单价予以修正。

④当各细目的合价累计不等于总价时，应以各细目合价累计数为准，修正总价。

按上述方法修正算术错误后，投标金额要相应调整。经投标人同意，修正和调整后的金额对投标人有约束作用。如果投标人不接受修正后的金额，其投标书将被拒绝，其投标保证金也要被没收。

（4）投标文件的初步评审

1）熟悉招标文件和评标方法

①招标的目标。

②招标项目的范围和性质。

③招标文件中规定的主要技术要求、标准和商务条款。

④招标文件规定的评标标准、评标方法和评标过程中考虑的相关因素。

2）鉴定投标文件的响应性

①评标专家审阅各个投标文件，主要检查确认投标文件是否从实质上响应了招标文件的要求。

②投标文件正、副本之间的内容是否一致。

③投标文件是否按招标文件的要求提交了完整的资料，是否有重大漏项、缺项。

④投标文件是否提出了招标人不能接受的保留条件等，并分别列出各投标文件中的偏差。

3）淘汰废标

①违规标。如投标人以他人的名义投标、串通投标、以行贿手段谋取中标或者以其他弄虚作假方式投标的，该投标人的投标应做废标处理。

②报价明显低于标底。如投标人报价明显低于其他投标报价或者在设有标底时明显低于标底，使得其投标报价可能低于其个别成本的，投标人又不能以书面形式合理说明或者不能提供相关证明材料的，评标委员可认定该投标人以低于成本报价竞标，其投标应作废标处理。

③投标人不具备资格。投标人资格条件不符合国家有关规定和招标文件要求的，或者拒不按照要求对投标文件进行澄清、说明或者补正的，评标委员会可以否决其投标。

④出现重大偏差。根据评标定标办法的规定，投标文件出现重大偏差，评标组织成员可将其淘汰。

评标机构在对各投标人递交的标书进行初步审查后，根据专家的评审意见，将确定详细评审的名单。接下来即将进入详细审查阶段。

（5）投标文件的详细评审。在这一阶段，评标委员会根据招标文件确定的评标标准和方法，对各投标文件的技术部分和商务部分做进一步的评审和比较，并向评标委员会提交书面详细评审意见。

1）技术评审的内容。技术评审的目的是确认和比较投标人完成投标工程的技术能力，以及他们的施工方案的可靠性。技术评审的主要内容如下。

①施工方案的可行性。主要从各类分部分项工程的施工方法，施工人员和施工机械设备的配备，施工现场的布置和临时设施的安排，施工顺序及其相互衔接等方面进行评审。应特别注意对该项目的关键工序的技术难点、施工方法进行可行性和先进性论证。

②施工进度计划的可靠性。主要审查施工进度计划及措施（如施工机具、劳务的安排）是否满足竣工时间要求，是否科学合理，是否切实可行。

③施工质量保证。审查投标文件中提出的质量控制和管理措施，如对质量管理人员的配备、检验仪器的配备和质量管理制度进行审查。

④工程材料和机器设备的技术性能符合设计技术要求。审查投标文件中关于主要材料和设备的样本、型号、规格和制造厂家的名称、地址等，判断其技术性能是否达到设计标准。

⑤分包商的技术能力和施工经验。如果投标人拟在中标后将中标项目的部分工作分包给他人完成，应当在投标文件中载明。主要应审查确定拟分包的工作是否为非主体、非关键性工作；分包人是否具备招标文件规定的资格条件和完成相应工作的能力和经验。

⑥建议方案的技术评审。如果招标文件中规定可以提交建议方案，则应对投标文件中的建议方案的技术可靠性与优缺点进行评审，并与原投标方案进行对比分析。

2）商务评审。商务评审是指就投标报价的准确性、合理性、经济效益和风险性，从工程成本、财务和经济分析等方面进行评审，比较授标给不同投标人产生的不同后果。商务评审在整个评标工作中通常占有重要地位。商务评审的主要内容如下：

①审查全部报价数据计算的正确性。主要审核投标文件是否有计算上或累计上的算术错误，如果有，则按"投标人须知"中的规定进行改正和处理。

②分析报价构成的合理性。判断报价是否合理，应主要分析报价中直接费、间接费、利润和其他费用的比例关系、主体工程各专业工程价格的比例关系等。同时还应审查工程量清单中的单价有无脱离实际的"不平衡报价"，计日工劳务和机械台班（时）报价是否合理，等等。

③建议方案的商务评审（如果有的话）。

3）资信标评审。资信标主要是对投标企业信誉、业绩、项目经理和项目班子配备情况进行评审。评审内容一般包括：

①投标人情况简介。

②投标人企业资质资历情况。包括企业营业执照、建筑资质、安装许可证、投标手册等。

③投标人类似工程业绩。证明材料为《工程竣工验收证明书》（或完工证明书），施工合同提供与规模、造价、签字盖章有关的页面。

④不良行为记录。此项无需投标人递交资料。以诚信评价系统中的不良诚信记录为准。

⑤其他人员的相关资格证明。包括项目经理、副经理、技术负责人、安全员、质检人员、工长、资料员、实验员、预算员、财务人员等。

4）对投标文件进行综合评价与比较。通过技术和商务评审，再按照招标文件确定的评标标准和方法，对投标人的报价、工期、质量、主要材料用量、施工方案或组织设计、以往业绩和合同履行情况、社会信誉、优惠条件等方面进行综合评价和比较，并与标底进行对比分析，最终择优选定中标候选人，以评标报告的形式向项目法人排序推荐不超过 3 名候选中标人。

（6）形成评标报告《中华人民共和国招标投标法》规定，评标委员会完成评标后，应当向招标人提出书面评标报告，并推荐合格的中标候选人。在评标报告中，应当如实记载以下内容：

1）基本情况和数据表。

2）评标委员会成员名单。

3）开标记录。

4）符合要求的投标一览表。

5）废标情况说明。

6）评标标准、评标方案或者评标因素一览表。

7）经评审的价格或者评分比较一览表。

8）经评审的投标人排序。

9）推荐的中标候选人名单与签订合同前要处理的事宜。

10）澄清、说明、补正事项纪要。

另外，评标报告还应包括专家对各投标人的技术方案评价、技术、经济分析、比较和详细的比较意见以及中标候选人的方案优势和推荐意见。评标报告由评标委员会全体成员签字。对评标结论持有异议的评标委员会成员可以书面方式阐释其不同意见和理由。评标委员会成员拒绝在评标报告上签字且不陈述其不同意见和理由的，视为同意评标结论。评标委员会应当对此做出书面说明并记录在案。向招标人提交书面评标报告后，评标委员会即告解散。评标过程中使用的文件、表格及其他资料应当及时归还招标人。

7.5.7 定标

评标委员会推荐的中标候选人应当限定在 1～3 人，并标明排列顺序。招标人根据评标委员会提出的书面评标报告和推荐的中标候选人来确定最后的中标人，也可以授权评标委员会直接定标。

定标程序与所选用的评标定标方法有直接关系。一般来说，采用直接定标法（即以评标委员会的评审意见直接确定中标人）的，没有独立的定标程序；采用间接定标法（或称复议定标法，指以评标委员会的评标意见为基础，再由定标组织进行评议，从中选择确定中标人）的，才有相对独立的定标程序，但通常也比较简略。大体来说，定标程序主要有以下几个环节：

（1）由定标组织对评标报告进行审议，审议的方式可以是直接进行书面审查，也可以采用类似评标会的方式召开定标会进行审查。

（2）定标组织形成定标意见。

（3）将定标意见报建设工程招投标管理机构核准。

（4）按经核准的定标意见发出中标通知书。

至此，定标程序结束。

中标人的投标应符合下列条件之一：

（1）能够最大限度满足招标文件中规定的各项综合评价标准。

（2）能够满足招标文件的实质性要求，并且经评审的投标价格最低，但是投标价格低于成本价的除外。该中标条件适用于具有通用技术、性能标准或者招标人对其技术、性能没有特殊要求的招标项目。

在确定中标人之前，招标人不得与投标人就投标价格、投标方案等实质性内容进行谈判。

招标人应以评标委员会提出的书面评标报告为依据，对评标委员会推荐的中标候选人进行比较，从中择优确定中标人。

招标人根据评标委员会提出的书面评标报告和推荐的中标候选人确定中标人。招标人也可以授权评标委员会直接确定中标人，或者在招标文件中规定排名第一的中标候选人为中标人，并明确排名第一的中标候选人不能作为中标人的情形和相关处理规则。依法必须进行招标的项目，招标人根据评标委员会提出的书面评标报告和推荐的中标候选人自行确定中标人的，应当在向有关行政监督部门提交的招标投标情况书面报告中，说明其确定中标人的理由（《中华人民共和国招标投标法实施条例》征求意见稿）。

经评标委员会论证，认定某投标人的报价低于其企业成本的，不能推荐其为中标候选人或者中标人。

招标人应当自订立书面合同之日起十五日内，向有关行政监督部门提交招标投标和合同订立情况的书面报告及合同副本。

7.6　案例展示

本节将以专用宿舍楼为案例、以 BIM 应用为原则，进行 BIM 招投标实战演练，帮助读者更好地了解 BIM 技术在招投标中的应用，其中包括招标工程量清单及招标控制价的编制、投标报价的编制、技术标的编制、可视化投标文件的编制以及 BIM 可视化评标展示等，并且章节末尾设置二维码，读者可扫描进行在线视频学习软件操作。

7.6.1　工程量清单及招标控制价编制

（1）任务说明：本节主要以专用宿舍楼项目为例进行训练。通过系统完整的建筑工程量计算、招标工程量清单及招标控制价文件的编制训练，熟练掌握工程量计算、工程量清单及招标控制价的编制方法，提高编制招标控制价文件的技能。

（2）任务分析：以专用宿舍楼案例工程为实训项目，依据专用宿舍楼施工图、当地预算定额、清单计价规范及有关资料等，完成专用宿舍楼工程量计算、招标工程量清单和招标控制价文件的编制工作。

1）主要完成工作

①工程量计算。根据专用宿舍楼图纸完成钢筋、土建工程量的计算，依据图纸和工程量计算套取清单项，输出工程量计算书。

②工程量清单编制。根据专用宿舍楼工程量计算书，依据图纸和清单计价规范套取清

单项，输出清单工程量报表。

③招标控制价编制。根据专用宿舍楼工程量清单，根据招标控制价的编制原则，利用计价软件完成招标控制价的编制，输出招标控制价文件（工程文件、XML）。

2）编制步骤

①工程量计算

a. 分析图纸，清晰建筑/结构设计说明等内容；

b. 运用算量软件完成工程项目的建立、楼层信息录入、工程设置调整等；

c. 按照建模流程完成主体–基础–二次结构–零星–装修工程量的计算；

d. 依据图纸对构件套取工程量清单；

e. 核量并输出工程量计算书。

②招标工程量清单编制步骤

a. 分部分项清单工程项目列项；

b. 措施项目清单列项；

c. 其他项目清单列项；

d. 填写工程量清单封面。

③招标控制价编制步骤

a. 计算分部分项清单工程费；

b. 计算措施项目清单工程费；

c. 计算其他项目清单费；

d. 计算规费；

e. 计算税金；

f. 计算单位工程控制价；

g. 计算单项工程控制价；

h. 计算建设项目总控制价。

（3）任务实施：在教师指导下，完成如下任务。

1）正确识读各角色的专业工程图纸，理解专业工程做法和详图，完成基于 BIM 计量的工程量计算书，相关操作视频二维码见图 7-1。

2）根据清单计价规范和招标控制价编制原则与依据，完成专用宿舍楼项目招标工程量清单与招标控制价的编制，输出工程量清单报表及招标控制价文件和报表，相关操作视频二维码见图 7-2。

图 7-1　工程量计算书输出二维码

图 7-2　工程量清单报表及招标控制价文件输出二维码

（4）任务总结：本项目进行了专用宿舍楼工程量计算、招标工程量清单和招标控制价编制的训练；学生在掌握两个任务编制的过程中，能够做到理论联系实践、产学结合；进一步培养了学生独立进行工程量计算、编制招标工程量清单和招标控制价的能力。

7.6.2　投标报价的编制

（1）任务说明：本节主要以专用宿舍楼项目为例进行训练。通过系统完整的建筑工程投标报价文件的编制训练，熟练掌握工程投标报价的编制方法，提高编制投标报价文件的技能。

（2）任务分析：以专用宿舍楼案例工程为实训项目，依据专用宿舍楼工程招标文件、施工图纸、招标工程量清单、清单计价规范、计价定额、当地材料价格、造价信息及有关资料等，完成专用宿舍楼工程投标报价文件的编制工作。

1）主要完成工作。根据专用宿舍楼工程量清单，依据图纸和清单计价规范套取清单项，结合市场价信息，完成投标报价文件的编制（工程文件、XML）。

2）编制步骤。投标报价编制步骤如下：

①复核清单工程量；

②分部分项工程量清单综合单价分析与确定；

③计算分部分项工程量清单费；

④措施项目综合单价分析与确定；

⑤措施项目清单费；

⑥计算其他项目清单费；

⑦计算规费；

⑧计算税金；

⑨汇总主要材料价格；

⑩填写单位工程投标报价汇总表；

⑪填写单项工程投标报价汇总表；

⑫编写投标报价总说明；

⑬填写投标总价封面。

（3）任务实施：在教师指导下，完成如下任务：

1）正确识读各角色的专业工程图纸，理解专业工程做法和详图；

2）根据清单计算规则、招标文件、招标工程量清单和图纸内容，复核招标文件中的各专业分部分项清单工程量等；

3）根据招标工程量清单、复核工程量、人工和材料市场价、企业定额、管理费率、利润率等因素，确定和分析分部分项工程量清单综合单价；

4）根据工程特点、清单计价规范及相关资料，正确确定分部分项工程费、措施项目费、暂列金额、暂估价、计日工和总承包服务费、规费和税金。相关操作视频二维码见图 7-3。

（4）任务总结：本项目进行了专用宿舍楼投标报价编制

图 7-3　分部分项工程相关财务
数据确定二维码

的训练；学生在掌握两个任务编制的过程中，能够做到理论联系实践、产学结合；进一步培养了学生独立进行清单复核、编制投标报价的能力。

7.6.3 BIM 技术标的编制

（1）施工进度计划编制

1）任务说明：根据案例"专用宿舍楼"的招标文件工期要求、施工图纸、工程的施工方案与施工方法等资料，运用广联达斑马进度计划软件，完成该项目施工进度计划的编制和优化，最终形成一份用于投标的双代号时标网络图。

2）任务分析：施工进度计划的编制流程如图 7-4 所示。

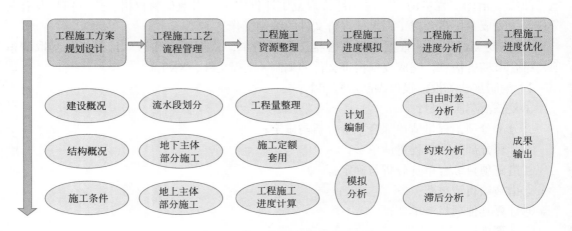

图 7-4 施工进度计划编制流程图

3）任务实施：按照上述编制流程，结合软件学习视频，完成施工进度计划编制任务。相关操作视频二维码见图 7-5。

4）任务总结：虽然近年来我国项目管理水平有了很大的提高，但仍然面临着诸多问题：第一，进度优化多依赖于事中控制，缺少事前控制，也就是说缺少提前的模拟预测分析；第二，二维 CAD 图纸可视性较差，计划编制抽象，需要专业人员才能合理编制；第三，进度优化过程不直观，大多依靠管理人员的经验判断，决策缺乏科学依据。而 BIM 技术的发展为解决以上问题提供了新思路。通过施工模拟可以

图 7-5 施工进度计划编制二维码

预测工程延误情况，以及对项目造成的影响，而且还可以找到偏差。进度分析有精确数据支撑，使得决策更加科学。

通过此部分实训，学生应提高编制施工进度计划的能力，掌握应用 BIM 软件编制双代号时标网络图的方法。

5）成果展示："专用宿舍楼"的双代号时标网络图如图 7-6 所示。

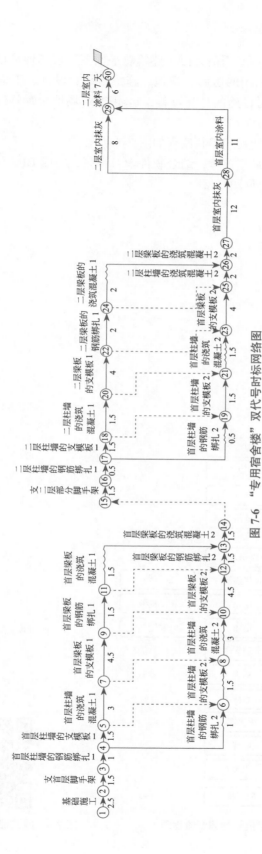

图 7-6　"专用宿舍楼"双代号时标网络图

（2）施工现场布置

1）任务说明：根据案例"专用宿舍楼"建筑总平面图、现场地形地貌、现有水源、电源、热源、道路、四周可以利用的房屋和空地、施工组织总设计、工程的施工方案与施工方法、施工进度计划及各临时设施的计算资料，运用 BIM 场地布置软件，绘制工程施工平面布置图。

2）任务分析：施工进度计划的编制流程如图 7-7 所示。

3）任务实施：按照上述编制流程，结合软件学习视频，完成 BIM 施工现场平面图的编制任务。相关视频操作二维码见图 7-8。

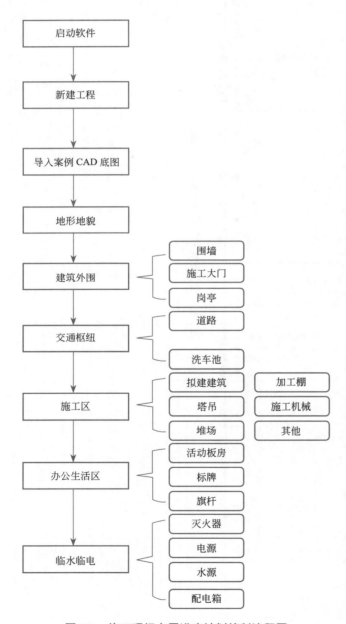

图 7-7　施工现场布置进度计划编制流程图　　　　图 7-8　施工现场平面图编制二维码

4）任务总结：施工现场布置策划是在拟建工程的建筑平面上（包括周边环境），布置为施工服务的各种临时建筑、临时设施及材料、施工机械等的过程。施工现场布置方案是施工方案在现场的空间体现，它反映已有建筑与拟建工程间、临时建筑与临时设施间的相互空间关系，表达建筑施工生产过程中各生产要素的协调与统筹。布置得恰当与否对现场的施工组织、文明施工、施工进度、工程成本、工程质量和安全都将产生直接的影响。施工现场布置策划是施工管理策划最重要的内容之一，也是最具含金量的部分。合理、前瞻性强的总平面管理策划可以有效地降低项目成本，保证项目发展进度。

基于 BIM 模型及理念，运用 BIM 工具对传统施工场地布置策划中难以量化的潜在空间冲突进行量化分析，同时结合动态模拟从源头减少安全隐患，可方便后续施工管理、降低成本、提高项目效益。

基于 BIM 的场地布置策划运用三维信息模型技术表现建筑施工现场，运用 BIM 动画技术形象模拟建筑施工过程，结合建筑施工过程中施工现场场景布置的实际情况或远景规划，将现场的施工情况、周边环境和各种施工机械等运用三维仿真技术形象地表现出来，并通过虚拟模拟进行合理性、安全性、经济性评估，实现施工现场场地布置的合理、合规。

通过此部分实训，学生应提高编制施工场地布置的能力，掌握应用 BIM 软件编制施工现场平面布置图的方法。

5）成果展示："专用宿舍楼"的施工现场布置图如图 7-9 所示。

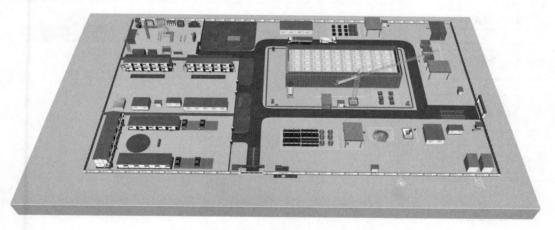

图 7-9　"专用宿舍楼"施工现场布置图

7.6.4　BIM 可视化投标文件的编制

（1）任务说明：本节将以专用宿舍楼为案例，以 BIM 应用为原则，通过图文结合讲解 BIM 招投标项目中投标文件的编制流程。在 BIM 投标文件编制过程中，投标人需按照招标传统项目的要求编制报价文件、进度计划，并根据 BIM 任务书的要求完成模型的构建。

当基础文件准备完整后，需根据标书编制工具操作说明，完成 BIM 投标文件的编制。

（2）任务分析：通过 BIM 标书编辑工具完成 BIM 标书的编制，基础工作是响应招标文件中招标人对 BIM 部分内容的要求，即完成招标人要求的工作内容。在此基础上，投标人可以制作比招标人要求更多更好的内容，以展示自己的 BIM 应用实力，获取评标专家的好感。

投标单位人员，在"数据导入"模块将模型文件、计价文件、实施方案等文件依次导入到 BIM 投标软件中，模型导入后需进行模型整合和清单匹配，使得实体模型与场布模型的位置显示到最适合位置，使模型与工程量清单挂接。然后，在"流水视图"模块，进行流水段划分。在"施工模拟"模块，完成模拟动画的制作。最后，导出 MBS 格式的 BIM 标书，完成制作，如图 7-10 所示。

（3）任务实施

1）新建项目。双击桌面图标，启动 BIM 投标软件，出现图 7-11 所示主界面，点击【新建工程】。在弹出的对话框中选择或新建要存放工程的文件夹：D:\WorkSpace，并输入工程名："专用宿舍楼 BIM 招投标项目"，点击"完成"即可进入到系统中，见图 7-12。

图 7-10　BIM 投标文件　　　　　　　　图 7-11　BIM 投标软件主界面
　　　　　编制流程图

2）项目资料。图 7-13 为 BIM 投标软件功能界面。在项目资料功能界面，首先不需要进行编辑操作，系统导入模型后，相关信息将自动加载到该界面，使用者可以对相关信息进行修改操作。

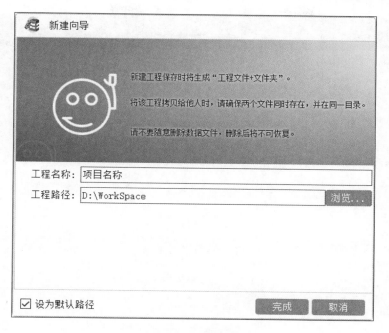

图 7-12　新建向导

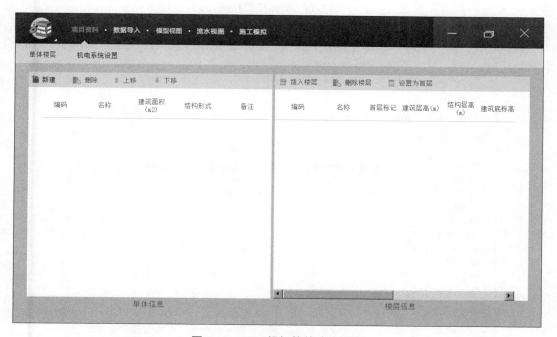

图 7-13　BIM 投标软件功能界面

3）数据导入

①模型导入。"模型导入"分为三种类型，"实体模型"、"场布模型"和"其他模型"。三个模块模型导入的操作步骤完全相同，本节以实体模型为例，其模型界面见图 7-14。

图 7-14　实体模型界面

在"实体模型"模块，点击【添加模型】，选择想要导入的实体模型，如图 7-15 所示，点击确认。

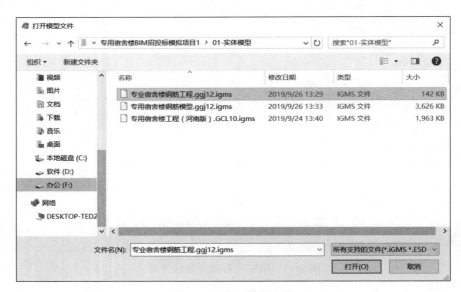

图 7-15　导入模型文件

②导入预算文件。点击【添加预算书】，选择想要导入的预算文件，如图 7-16 所示，点击确认。

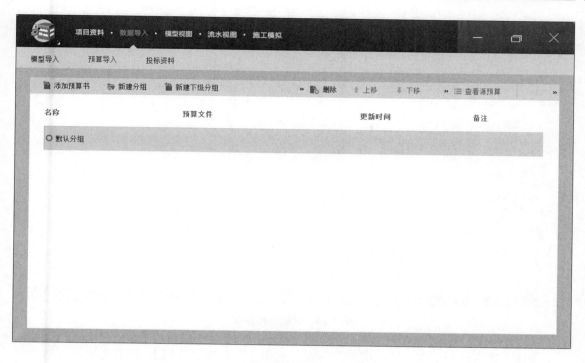

图 7-16　导入预算文件界面

选中导入的预算文件，点击【查看预算源】，可以查看预算文件内容，如图 7-17 所示。

图 7-17　查看预算源界面

③导入投标资料。点击【导入文件】，选择想要导入的文件，如图 7-18 所示，点击确认。

图 7-18　投标资料界面

④导入进度计划。在"施工模拟"界面，点击【导入进度计划】，选择想要导入的进度文件，如图 7-19 所示，点击确认。

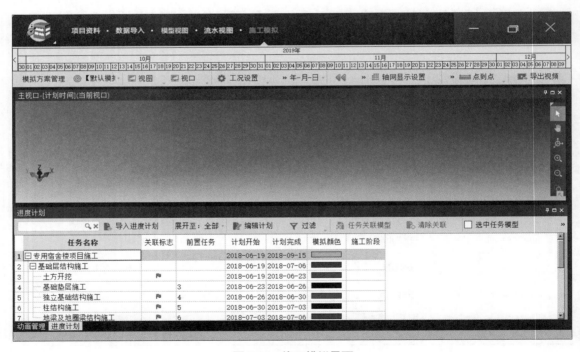

图 7-19　施工模拟界面

⑤模型整合。导入的多种类型的模型，基准点有时不统一，在软件中显示时，位置错开，可以通过模型整合，进行模型位置统一。在"数据导入 – 实体模型"模块，点击【模

型整合】，弹出模型整合界面，如图 7-20 所示。

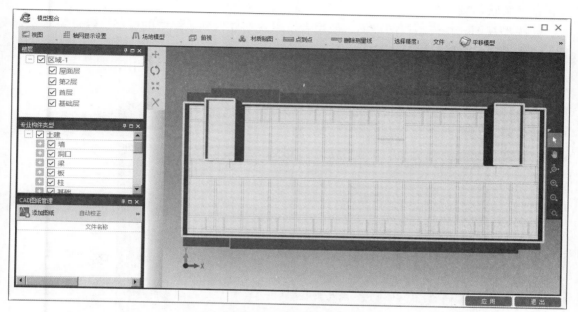

图 7-20　模型整合界面

选择需要整合的"实体模型"和"场布模型"，以实体模型为基准，将场布模型调整到与实体模型位置相符。点击应用进行保存。

⑥清单匹配。在"预算导入"模块，点击【清单匹配】，弹出清单匹配界面，如图 7-21 所示。

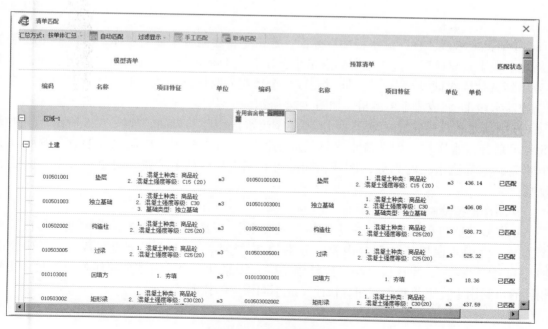

图 7-21　清单关联界面

选择想要关联的清单文件，点击自动匹配，系统自动为模型加载清单做法，完成模型与清单的关联。

⑦模型视图。在模型视图界面，使用者可以观察导入到系统中的模型，经过关联整合后，可查看展示效果，如图 7-22 所示。

点击【视图】界面，可勾选想要查看的功能展示模块，如图 7-23 所示。

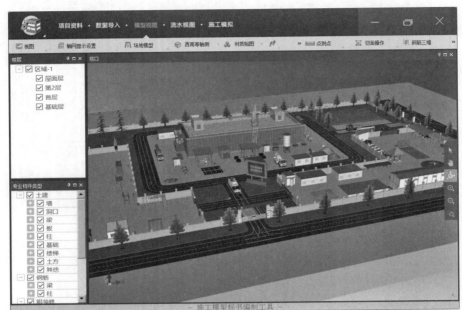

图 7-22　模型展示效果图　　　　　　　　　　　　　　图 7-23　功能展示
模块菜单

⑧编辑流水段。在"流水视图"界面，点击【新建同级】建立单体，选中单体后点击【新建下级】建立楼层，选中楼层后点击【新建下级】建立专业，在点击【确定】前，勾选"应用到其他同级同类型节点"，同时完成多个楼层同时建立相关专业。选中专业后，点击【新建流水段】，完成流水单编辑，如图 7-24 所示。

选中流水段，点击【关联模型】，弹出"流水段创建"界面，如图 7-25 所示，按照图纸要求划分流水区域，勾选流水区域关联的图元，点击应用完成流水段划分。按照以上步骤完成全部流水段的划分，区域相同的可利用【复制到】按钮，快速完成流水区域的复制。

⑨制作模拟动画

a. 模型关联进度计划。点击【任务关联模型】，系统弹出"任务关联模型"界面，见图 7-26，使用者根据任务划分内容，分别勾选"楼层"、"专业"、"流水段"和"构建类型"，点击【关联】，完成模型与进度计划关联。按照以上步骤完成全部任务的关联，任务相同的可利用【复制关联】按钮，快速完成不同楼层的任务关联。

图 7-24 流水单编辑

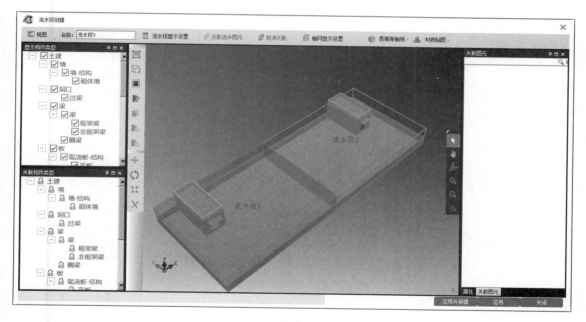

图 7-25 流水段创建

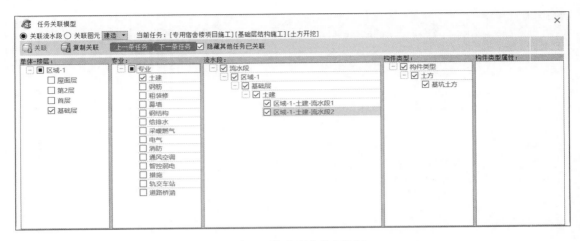

图 7-26　模型关联进度计划

b. 新建模拟方案。点击【模拟方案管理】，在弹出的"模拟方案管理"界面，见图 7-27，点击"添加"，编辑完成方案信息后，点击【确定】保存。

图 7-27　模拟方案创建

c. 编辑模拟方案。点击【默认模拟】，选择需要编辑的方案名称。分别编辑"相机动画"、"文字动画"、"图片动画"、"颜色动画"、"路径动画"和"显隐动画"，如图 7-28 所示。

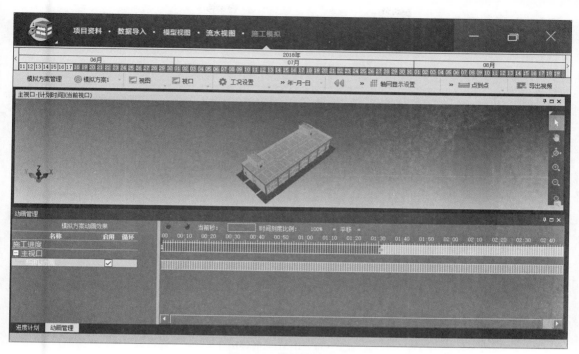

图 7-28　模拟方案编辑

d. 编辑工况。点击【工况设置】，选择工况插入动画的时间节点 2018-9-18，点击【载入模型】，选择用到的工况模型，进行工况模型的编辑，完成后点击【保存】，输入工况名称，点击【确定】进行保存，如图 7-29 所示。

图 7-29　编辑工况

⑩导出 BIM 标书。点击左上角图标，弹出的对话框中点击【导出施工模型标书】，选择保存路径，点击【确认】进行保存，见图 7-30。

BIM 全过程项目综合应用

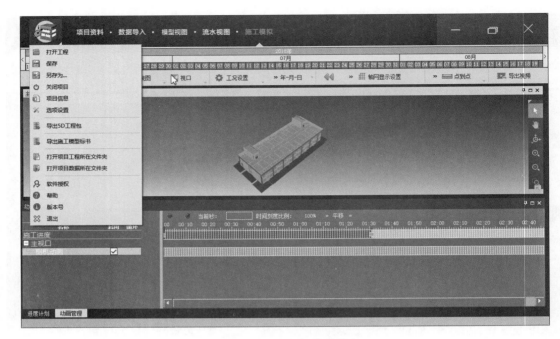

图 7-30　BIM 标书导出

（4）任务总结：本项目进行了专用宿舍楼工程 BIM 可视化投标文件的编制。学生在进行任务编制的过程中，能够做到理论联系实践、产学结合，进一步培养了学生应用 BIM 技术，进行可视化投标文件编制的能力。

7.6.5　BIM 可视化评标

（1）任务说明：本节将以专用宿舍楼为案例，结合图文内容展示 BIM 招投标项目中针对 BIM 可视化投标文件的评审流程。

评标专家在评标过程中通过 BIM 辅助评标系统打开 BIM 标书，充分审阅招标文件内容，通过"实施方案"、"模型评审"、"进度评审"、"场布评审"、"工艺评审"、"资金资源"、"清单评审"和"直接费评审"八个模块对投标人递交的 BIM 标书进行评审。

（2）任务分析：评审阶段，评标专家站在中立的角度，公平、公正地对投标人的 BIM 标书内容进行评审，为业主选择出综合实力排名前三的中标候选人。BIM 辅助评审可以多维度，直观立体的为评标专家展示标书内容，增加了技术标与商务标的易读性，提高了评审效率。

评标专家登录电子评标系统，识别身份进入到评审项目。通过 BIM 辅助评标系统各个模块，评审投标单位的 BIM 应用能力。在实施方案评审中，评标专家对投标人的 BIM 应用能力进行综合评审。在模型评审中，评标专家通过查看模型，评判投标人对图纸的理解程度和 BIM 的建模深度。在进度评审中，评标专家对投标人的进度计划的合理性进行评审。在场布评审中，评标专家对现场的临建、安全文明施工的合理性进行评审。在工艺评审中，评标专家对项目的重难点方案进行评审。在资金资源评审中，评标专家对投标方案资金、资源的统筹性进行评审。在清单评审中，评标专家可以基于模型查看投标方案的清单组成。

在直接费评审中，评标专家通过选择 BIM 模型，对关键部位直接费的合理性进行评审。

（3）任务实施

1）实施方案模块。如图 7-31 所示，评标专家点击【实施方案】，通过上下页、缩放及适合页面等按钮，查看 BIM 应用目标、BIM 应用价值点、软硬件配置、人员组织保障及措施等实施方案内容。BIM 实施方案具体评价方法见表 7-2。

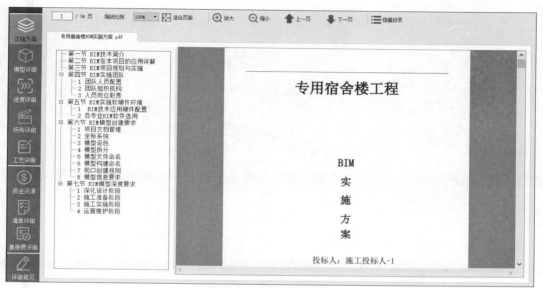

图 7-31　BIM 实施方案查看

2）模型评审模块。如图 7-32 所示，评标专家点击【模型评审】，通过勾选单体、楼层、专业、构件等不同的维度条件筛选显示的模型，通过单击选择想要查看的模型，可以查看该模型对应的属性及该模型的施工计划任务。

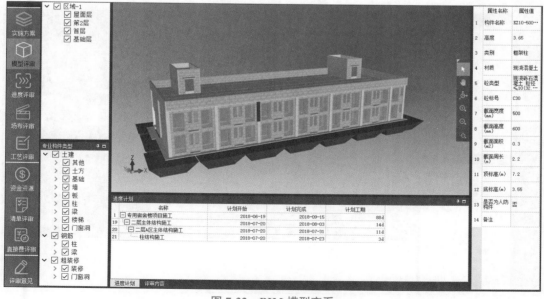

图 7-32　BIM 模型查看

3）进度评审模块。如图 7-33 所示，评标专家点击【进度评审】，点击播放按钮，利用 4D 动画的方式推演进度计划，动态呈现施工组织安排。播放完成后，可点击【查看关键路径】，查看施工组织设计中的关键路径，对项目的里程碑节点进行评审。

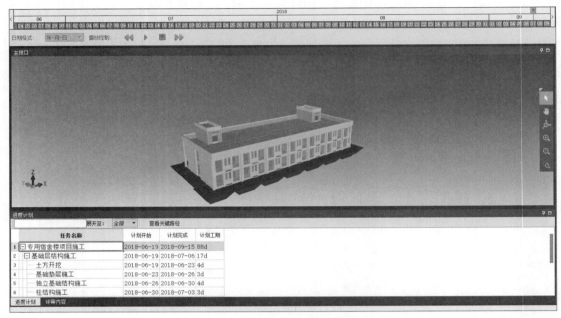

图 7-33　施工进度查看

4）场布评审模块。如图 7-34 所示，评标专家点击【场布评审】中的 图标，选择不同施工阶段的场地布置模型，查看施工现场的道路、材料堆放区、加工棚、塔吊等部署情况。通过勾选实体模型，查看当前场布方案与实体模型的融合情况。

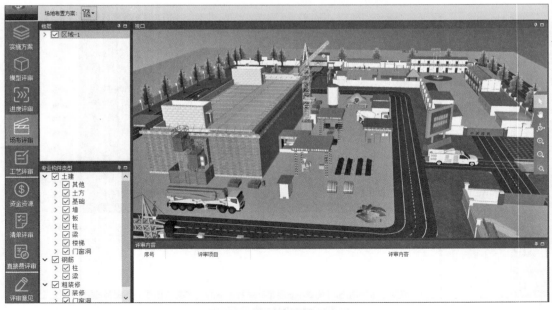

图 7-34　场地布置模型查看

5）工艺评审模块。如图 7-35 所示，评标专家点击【工艺评审】，选择不同"模拟方案"，点击播放按钮，可以基于 BIM 模型，动态观察重难点方案的工艺工序。评标专家还可以点击【工艺视频展示】，查看重难点方案的工艺动画。

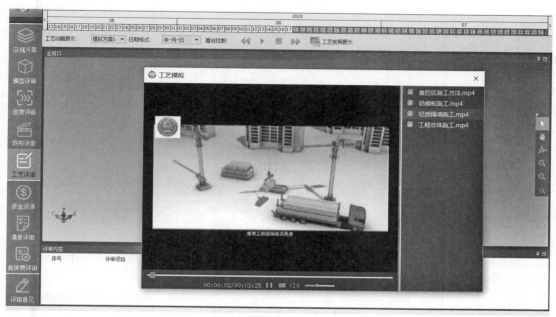

图 7-35　施工工艺查看

6）资金资源模块。如图 7-36 所示，评标专家点击【资金资源】，通过点击【资金曲线】查看不同阶段的资金投入情况，通过点击【资源曲线】查看各阶段对应的人工、混凝土等资源投入量。

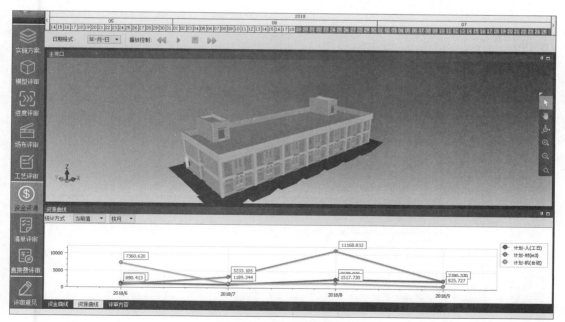

图 7-36　资金资源查看

7）清单评审模块。如图 7-37 所示，评标专家点击【清单评审】，通过选择清单报价文件，查看项目概况、分部分项、措施项目等内容。双击分部分项工程量清单，视口中显示对应模型，实现清单和模型的联动评审。

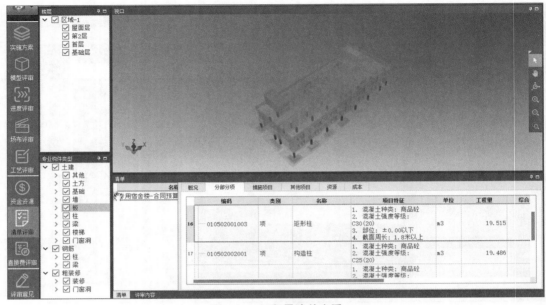

图 7-37　工程量清单查看

8）直接费评审模块。如图 7-38 所示，评标专家点击【直接费评审】，通过勾选单体、楼层、专业、构件等不同维度的维度，选择想要查看的模型，之后在视口中点选或框选模型图元，系统自动汇总选中图元直接费。还可通过点击【自定义查询】按钮，通过勾选时间、楼层、构件类型等条件，系统自动汇总直接费。

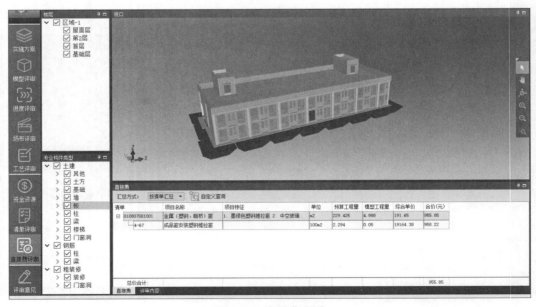

图 7-38　直接费查看

9）评审结果。评标专家在评审过程中或完成全部评审，点击【评审结果】，录入各项打分内容，如图 7-39 所示。

图 7-39　录入评审结果

（4）任务总结：本项目进行了专用宿舍楼工程 BIM 可视化评标的展示，让学生了解在应用 BIM 技术进行可视化评标时的应用价值、应用方法及流程，有助于学生对 BIM 技术在评标应用的认知与学习，提升 BIM 应用技能。

第8章

BIM 项目与项目管理

8.1　项目管理概述

项目管理，就是项目的管理者在有限的资源约束下，运用系统的观点、方法和理论，对项目涉及的全部工作进行有效地管理。包括运用各种相关技能、方法与工具，为满足或超越项目有关各方对项目的要求与期限，所开展的各种计划、组织、领导、控制等方面的活动。

近代项目管理学科起源于 20 世纪 50 年代的美国 CPM 和 PERT 技术，该技术 60 年代在阿波罗登月计划中取得了巨大成功。目前世界上有两大项目管理的研究体系，分别为以欧洲为首的体系——国际项目管理协会（IPMA）和以美国为首的体系——美国项目管理协会（PMI）。

我国项目管理系统研究和行业实践起步较晚，真正称得上项目管理的第一个项目是1984 年的鲁布革水电站工程，该工程在国内首先采用国际招标，实行项目管理，缩短了工期，降低了造价，取得了明显的经济效益。此后，我国的许多大中型工程相继实行项目管理体制。多年来，我国的项目管理取得的成绩是显著的，但质量事故、工期拖延、费用超支等问题仍然存在。

8.2　项目管理的类型

按工程项目不同参与方的工作性质和组织特征划分，工程项目管理有如下类型：
（1）业主方的工程项目管理；
（2）设计方的工程项目管理；
（3）施工方的工程项目管理；
（4）供货方的工程项目管理；
（5）建设项目总承包方的工程项目管理等。

8.3　主要参与方项目管理的目标和任务

（1）业主方项目管理的目标和任务。业主方的项目管理是项目管理的核心，是项目成败的关键。

业主方项目管理服务于业主的利益，其项目管理的目标包括项目的投资目标、进度目标和质量目标。

业主方的项目管理工作涉及项目实施阶段的全过程，即在项目的设计前准备阶段、设计阶段、施工阶段、动用前准备阶段和保修期分别进行如图 8-1 所示的各项工作。业主方项目管理的任务共有 5 列（5 个工作阶段）、7 行（7 个方面的工作），总计有 35 项工作任务。

	设计前准备阶段	设计阶段	施工阶段	动用前准备阶段	保修期
安全管理					
投资控制					
进度控制					
质量控制					
合同管理					
信息管理					
组织和协调					

图 8-1　业主方项目管理的任务

（2）设计方项目管理的目标和任务。设计方作为项目建设的一个参与方，其项目管理主要服务于项目的整体利益和设计方本身的利益。设计方项目管理的目标包括：设计的成本目标、设计的进度目标、设计的质量目标以及项目的投资目标。

设计方项目管理的任务包括：与设计工作有关的安全管理；设计成本控制和与设计工作有关的工程投资的控制；设计进度控制；设计质量控制；设计合同管理；设计信息管理；与设计工作有关的组织和协调。

（3）施工方项目管理的目标和任务。施工方作为项目建设的一个重要参与方，其项目管理不仅应服务于施工方本身的利益，也必须服务于项目的整体利益。

施工方项目管理的目标应符合合同的要求，包括：施工的安全管理目标；施工的成本目标；施工的进度目标；施工的质量目标。施工方项目管理的任务包括：施工安全管理；施工成本控制；施工进度控制；施工质量控制；施工合同管理；施工信息管理；与施工有关的组成与协调。

8.4　传统项目管理存在的不足

我国传统的项目管理模式，虽然管理方法成熟，业主对设计要求可控，施工阶段较容易提出设计变更，有利于合同管理和风险管理，但是还存在以下不足之处：

（1）因业主方在工程项目不同阶段可自行或委托进行项目策划管理、项目实施管理、项目设施管理，所以会缺少必要的相互沟通；

（2）我国设计方和供货方的项目管理还相当薄弱，工程项目管理基本局限于施工领域；

（3）监理项目管理服务的发展相当缓慢，监理工程师对项目的进度不易控制、管理和协调工作较复杂、对工程总投资不易控制、容易互相推诿责任；

（4）我国项目管理还停留在较粗放的水平，与国际上管理水平相当的工程项目管理咨询公司还较少；

（5）项目策划管理、实施管理和设施管理的分离造成弊病，如仅从各自的工作目标出发，会忽视项目全寿命的整体利益；

（6）由多个不同的组织实施，会影响相互间的信息交流，也就影响项目全寿命的信息管理等；

（7）二维 CAD 设计图纸不方便各专业之间的协调沟通，传统方法不利于规范化和精细化管理；

（8）造价分析数据细度不够，功能弱，企业级管理能力不强，精细化成本管理需要细化到不同时间、构件、工序等，难以实现过程管理；

（9）建筑企业从业人员流动性较大且专业技术能力参差不齐，企业施工过程标准化程度偏低；

（10）施工方对效益过分地追求，质量管理方法很难充分发挥其作用对环境因素的估计不足，重检查，轻积累。

8.5　BIM 时代下项目管理能解决的问题

基于 BIM 的管理模式是创建信息、管理信息、共享信息的数字化方式，BIM 技术通过数据支撑、技术支撑和协同支撑，能解决传统项目管理中许多问题，比如：

（1）基于 BIM 的项目管理，工程基础数据如量、价等，数据准确、数据透明、数据共享，能完全实现短周期、全过程对资金风险以及盈利目标的控制；

（2）基于 BIM 技术，可对投标书、进度审核预算书、结算书进行统一管理，并形成数据对比；

（3）可以提供施工合同、支付凭证、施工变更等工程附件管理，并为成本测算、招投标、签证管理、支付等全过程造价进行管理；

（4）BIM 数据模型保证了各项目的数据动态调整，可以方便统计，追溯各个项目的现金流和资金状况；

（5）根据各项目的形象进度进行筛选汇总，可为决策层提供更充分的调配资源、为决策创造条件；

（6）基于 BIM 的 4D 虚拟建造技术能提前发现在施工阶段可能出现的问题，并逐一修改，提前制定应对措施；

（7）可以优化进度计划和施工方案，指导实际项目施工；

（8）可以使标准操作流程可视化，可以对施工中需要的各类信息随时查询；

（9）运用 BIM 技术，及时识别危险源、方案模拟、可视化安全交底等应用，可以提升项目安全控制能力。

总之，BIM 技术正在与项目管理紧密结合，包括文件管理、信息协同、设计管理、成本管理、进度管理、质量管理、安全管理等等，能够有效解决项目管理中生产协同和数据协同两大难题。

8.6　案例展示

本节将以专用宿舍楼为案例、以逆向翻模为原则、以 Revit 软件 2016 为基础，讲解整个建筑建模创建的流程，对创建过程中的图纸和软件结合分析，帮助读者更好地完成此模型。并且每个小节背后都设置有二维码，读者可扫描进行相匹配的在线视频学习。

本章节的项目 BIM 应用，主要以专用宿舍楼项目为例进行讲解，意在帮助读者快速了解 BIM5D 基础准备、技术、生产、质安、商务、BI 的流程及应用。基于各模块的详细设计内容可通过《BIM5D 协同项目管理》了解 BIM5D 全面操作技能。

8.6.1　BIM5D 基础准备实训

（1）项目准备

1）任务目标

①基于专用宿舍楼楼案例，项目经理利用 BIM 系统进行三端数据搭建，建立项目组织机构；

②项目经理录入工程概况及楼层体系信息，并进行云数据同步。

2）成果输出

①输出项目组织机构图，命名"项目组织机构图"，如图 8-2 所示；

②输出项目概况及楼层表，命名为"工程概况"、"楼层体系表"，如图 8-3 所示。

相关创建视频见图 8-4。

	管理员	广联云账号	姓名	性别	岗位	联系电话	状态
1	☑	18396792153	陈家志	男	项目经理	18396792153	已加入
2	☐	13759728390 1962211409@qq.com	赵六	男	质安经理	13759728390	已加入
3	☐	18335976938	王五		生产经理	18335976938	已加入
4	☐	17865571732	李四		商务经理	17865571732	已加入
5	☐	17853501591	张三		技术经理	17853501591	已加入

图 8-2　输出项目组织机构图

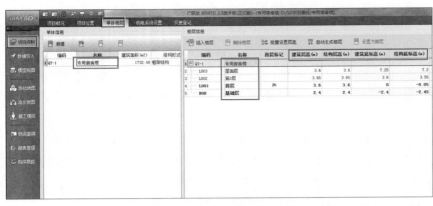

图 8-3　输出项目概况及楼层表　　　　　　　　　　图 8-4　项目准备二维码

（2）模型集成

1）任务目标

①基于专用宿舍楼案例，技术经理利用给定的模型文件，导入对应专业实体模型、场地模型和其他模型等信息；

②技术经理将导入的实体模型与场地模型完成模型整合。

2）成果输出：输出模型整合完成图，可截图说明整合后效果，命名"模型整合完成图"，见图 8-5。相关操作视频二维码见图 8-6。

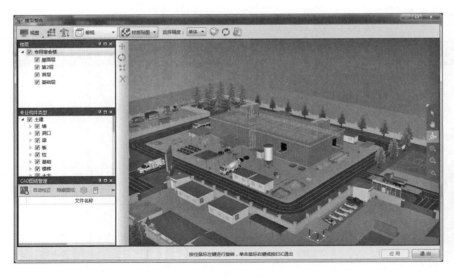

图 8-5　输出模型整合完成图　　　　　　　　　　图 8-6　模型集成二维码

（3）成果总结：通过上述操作流程可以完成项目准备及信息搭建的过程，为后期的 BIM 综合应用提供基础信息；另外，通过本案例工程能够利用 BIM 功能将项目组织机构、工程概况、楼层体系及模型信息进行搭建，并与业务知识以及施工现场场景进行转化，实现业务知识与软件操作的双向提高。

8.6.2　BIM5D 技术应用实训

（1）技术交底

1）任务目标

①技术经理负责审核专用宿舍楼的三维模型信息，并利用视点、测量、剖切面功能编制技术交底资料，交付生产经理，由生产经理负责向项目组成员进行可视化交底；

②技术交底资料内容要求包括任意选取视点不少于 3 处，关键部位剖切面不少于 3 处，钢筋构造节点不少于 5 处，并说明交底意义。

2）成果输出

①输出视点图，命名"视点 XX"，并说明交底意义记录文档，命名"视点交底说明"，如图 8-7 所示；

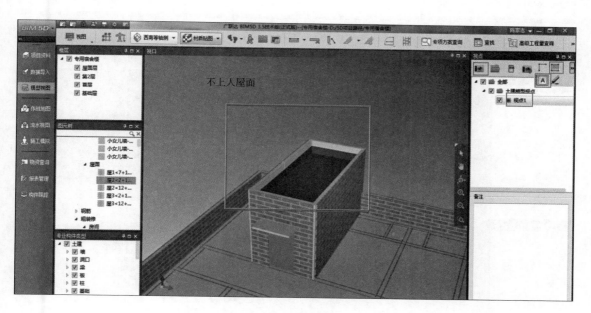

图 8-7　视点图输出

②输出剖切图，命名"剖面 X-X"，并说明交底意义记录文档，命名"剖切交底说明"，如图 8-8 所示；

③输出钢筋节点图，命名"节点 XX"，并说明交底意义记录文档，命名"节点交底说明"，如图 8-9 所示。相关操作视频二维码见图 8-10。

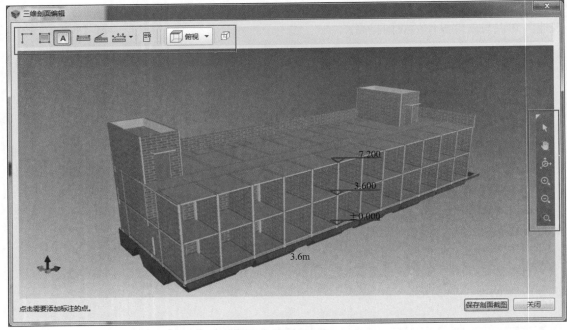

图 8-8　剖切图输出

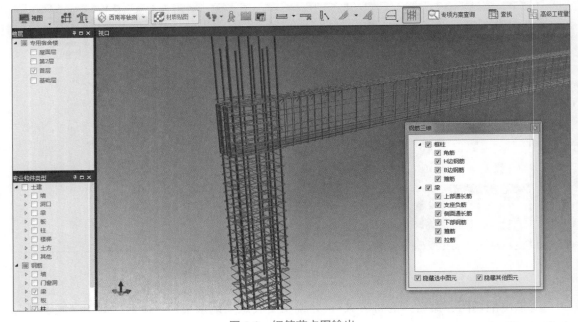

图 8-9　钢筋节点图输出

（2）路径合理性检查

1）任务目标：基于专用宿舍楼案例，技术经理利用漫游及按路线行走功能，模拟专用宿舍楼建筑物内及施工场区路线，建立至少各一条行走路线视频，交付生产经理对项目组成员进行施工交底。

图 8-10　技术交底二维码

2）成果输出：输出交底视频，命名"漫游路线 XX"，并说明交底意义记录文档，命名"路线交底说明"，如图 8-11 所示。相关操作视频二维码见图 8-12。

图 8-11　交底视频输出

图 8-12　路径合理性检查
　　　　二维码

（3）专项方案查询

1）任务目标：基于专用宿舍楼案例，技术经理负责编制本工程项目专项施工方案内容，结合相关业务要求查询至少包含三种专项方案内容信息，并制定说明文档。

2）成果输出：输出专项方案查询文档，命名"专项方案 XX"，并制定说明文档，命名为"专项方案说明"，如图 8-13 所示。相关操作视频二维码见图 8-14。

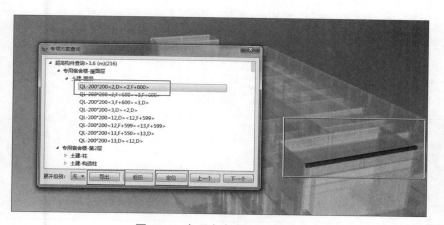

图 8-13　专项方案查询文档输出

图 8-14　专项方案查询
　　　　二维码

（4）砌体排砖

1）任务目标：基于专用宿舍楼案例，技术经理、生产经理协同配合编制本项目全楼砌体排砖方案，导出排砖图及砌体需用计划表，用于指导现场作业人员施工，以及交付采购部门提前准备物资。

2）成果输出

①输出 CAD 排砖图及 Excel 排砖表，命名"排砖方案 XX"，见图 8-15，相关操作视频二维码见图 8-16。

②输出砌体需用计划表，命名为"砌体需用计划"，见图 8-17。

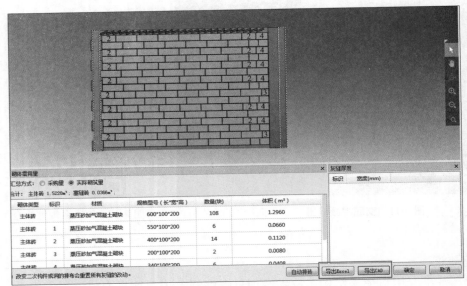

图 8-15　排砖图及排砖表输出

图 8-16　砌体排砖
二维码

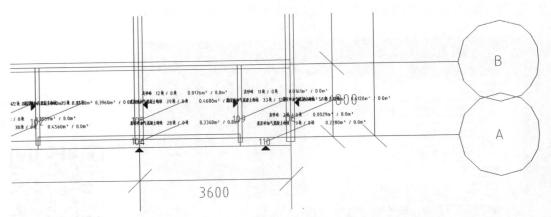

采购量					
名称：砌体墙 200- 外 -MS 混合砂浆 <14，B><14，C>					
砌体类型	序号	材质	规格	数量块	体积（m³）
主体砖	1	蒸压砂加气混凝土砌块	半砖	2	0.0120
	2	蒸压砂加气混凝土砌块	整砖	134	1.6080
塞缝砖	3	灰砂砖	整砖	25	0.0366
合计：主体砖 1.6200m³；塞缝砖 0.0366m³；					

图 8-17　砌体需用计划表输出

（5）资料管理

1）任务目标：基于专用宿舍楼案例，技术经理负责根据项目需求编制本工程资料管理库，上传各类项目资料文件进行管理，将建筑和结构图纸分别与模型进行关联。

2）成果输出

①输出资料管理库截图，命名"资料管理"，见图 8-18；

②输出资料关联说明图，命名为"资料关联"，见图 8-18。相关操作视频二维码见图 8-19。

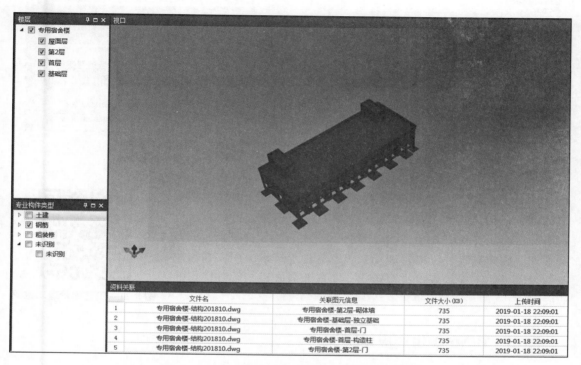

图 8-18　资料管理库截图及资料关联说明图输出

图 8-19　资料管理二维码

（6）工艺库管理

1）任务目标：基于专用宿舍楼案例，技术经理结合本工程项目特点，负责建立基于本项目的工艺工法库，录入到工艺库管理工具中。

2）成果输出：输出工艺库管理内容截图，命名"工艺库管理"，见图 8-20。相关操作视频二维码见图 8-21。

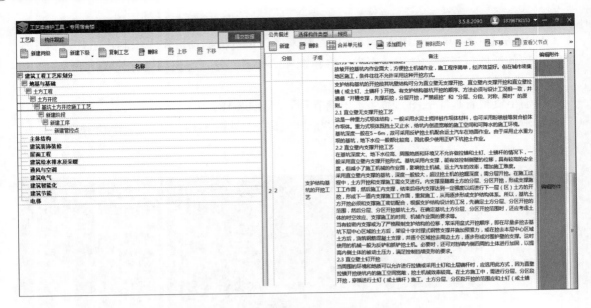

图 8-20   工艺库管理内容截图输出

（7）成果总结：通过上述操作流程可以完成项目 BIM 技术应用的过程，提高使用 BIM5D 基于技术应用的能力；另外，通过本案例工程能够利用 BIM 功能实现技术交底、路径检查、专项方案查询、砌体排砖、资料管理及工艺库管理等技术应用，并与业务知识以及施工现场场景进行转化，实现业务知识与软件操作的双向提高。

图 8-21   工艺库管理二维码

8.6.3   BIM5D 生产应用实训

（1）流水段管理

1）任务目标：基于专用宿舍楼案例，生产经理负责完成流水段划分，通过对本工程的综合考虑，将本工程分为以下流水段：

①基础层、屋顶层作为整体进行施工；

②1～3 层流水段划分以 3 轴为界限，3 轴左侧部分为一区，右侧部分为二区；

③划分流水段要求钢筋及土建两个专业均按以上要求进行，在每个流水段内要求关联所有构件。划分完成后导出流水段表格，通过查询视图导出各流水段构件工程量，交付商务部。

2）成果输出

①输出流水段表格，命名"流水段管理"，见图 8-22；

②输出首层一区的工程量，命名为"首层一区提量"，见图 8-23。相关操作视频二维码见图 8-24。

名称	编码	类型	关联标记
专用宿舍楼	1	单体	
土建	1.1	专业	
基础层	1.1.1	楼层	
一区	1.1.1.1	流水段	▶
首层	1.1.2	楼层	
一区	1.1.2.1	流水段	▶
二区	1.1.2.2	流水段	▶
第2层	1.1.3	楼层	
一区	1.1.3.1	流水段	▶
二区	1.1.3.2	流水段	▶
屋面层	1.1.4	楼层	
一区	1.1.4.1	流水段	▶
钢筋	1.2	专业	
基础层	1.2.1	楼层	
首层	1.2.1.1	流水段	▶
首层	1.2.2	楼层	
一区	1.2.2.1	流水段	▶
二区	1.2.2.2	流水段	▶
第2层	1.2.3	楼层	
一区	1.2.3.1	流水段	▶
二区	1.2.3.2	流水段	▶
屋面层	1.2.4	楼层	
一区	1.2.4.1	流水段	▶

图 8-22　流水段表格输出

图 8-23　首层一区工程量输出

（2）进度管理

1）任务目标：基于专用宿舍楼案例，根据导入给定的进度计划，生产经理负责完成进度关联。

2）成果输出：输出进度关联截图，命名"进度关联"，见图 8-25。相关操作视频二维码见图 8-26。

图 8-24　流水段管理二维码

图 8-25　进度关联截图输出

图 8-26　进度管理
二维码

（3）施工模拟

1）任务目标：基于专用宿舍楼案例，技术经理、生产经理负责编制施工模拟视频，包括默认模拟视频及动画方案模拟视频各一份，用于交底及例会展示使用。

2）成果输出：输出进度模拟视频，命名"默认模拟"及"方案模拟"，见图 8-27。相关操作视频二维码见图 8-28。

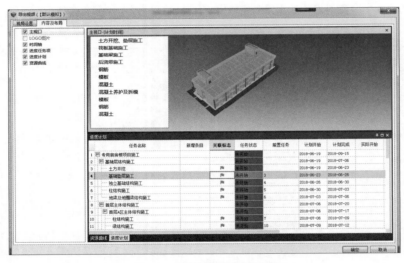

图 8-27　进度模拟视频输出

图 8-28　施工模拟二维码

（4）工况模拟

1）任务目标

①基于专用宿舍楼案例，生产经理负责进行工况设置，编制工况模拟，结合虚拟施工导出视频；

②查看在场机械统计。

（2）成果输出

①输出工况模拟视频，命名"工况模拟"，见图 8-29；

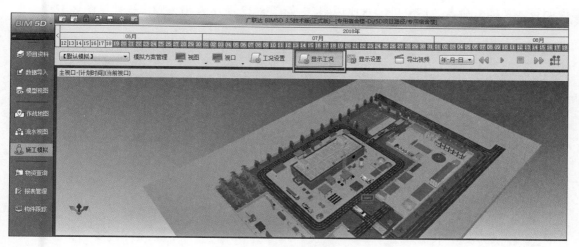

图 8-29　工况模拟视频输出

②输出在场机械统计表，命名"在场机械统计"，见图 8-30。相关操作视频二维码见图 8-31。

图 8-30　在场机械统计表输出

图 8-31　工况模拟二维码

（5）进度对比

1）任务目标：基于专用宿舍楼案例，生产经理根据已完成进度实际时间录入进度计划，制作开工至竣工计划与实际模拟对比视频，召开进度例会，进行形象进度交底。

2）成果输出：输出计划与实际进度对比模拟视频，命名"进度对比"，制作交底对比说明录入文档，命名"形象进度对比说明"，如图 8-32 所示。相关操作视频见图 8-33。

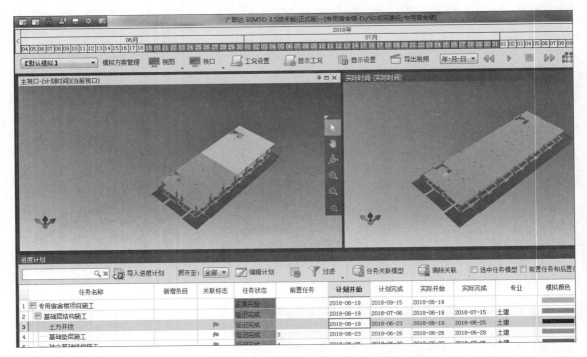

图 8-32　计划与实际进度对比模拟视频输出

图 8-33　进度对比二维码

（6）物资提量

1）任务目标：基于专用宿舍楼案例，生产经理应根据相关要求提取该项目的首层的土建专业物资量、二层一区的钢筋物资量，并根据提取的物资量提报需求计划，导出数据表格提供给商务部及采购部。

2）成果输出：输出物资提量表格，命名为"土建物资量"、"钢筋物资量"，见图 8-34 及图 8-35。

（7）物料跟踪

1）任务目标：基于专用宿舍楼案例，技术经理需要在工艺库创建钢筋专业框架柱构件、土建专业框架梁及现浇板构件的追踪事项，生产经理在 PC 端创建跟踪计划，通过手机端填写构件跟踪信息，项目经理通过 WEB 端查看构件跟踪情况，查看物料跟踪信息并导出。

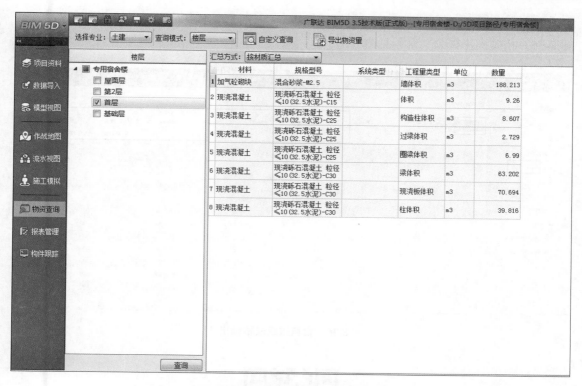

图 8-34　首层土建专业物资提量表格输出

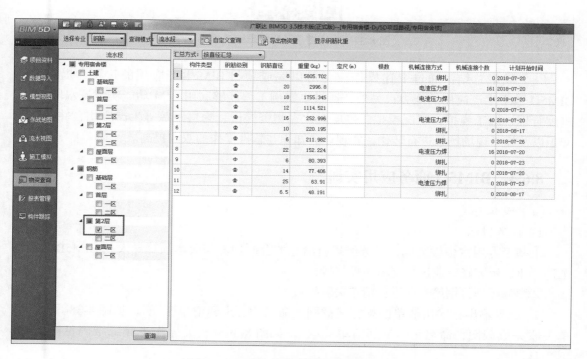

图 8-35　二层一区钢筋物资量表格输出

2）成果输出：输出物料跟踪表格，命名为"钢筋专业跟踪"、"土建专业跟踪"，见图 8-36。相关操作视频二维码见图 8-37。

图 8-36　物料跟踪表格输出

图 8-37　物资提量及物料跟踪二维码

（8）成果总结：通过上述操作流程可以完成项目 BIM 生产应用的过程，提高使用 BIM5D 基于生产应用的能力；另外，通过本案例工程能够利用 BIM 功能实现流水段划分、进度管理、施工模拟、工况模拟、进度对比、物资提量、物料跟踪等生产应用，并与业务知识以及施工现场场景进行转化，实现业务知识与软件操作的双向提高。

8.6.4　BIM5D 商务应用实训

（1）成本关联

1）任务目标

①基于专用宿舍楼案例，商务经理将给定的合同预算与成本预算导入到 BIM5D，并将土建专业、粗装修专业进行清单匹配挂接；

②商务经理将钢筋专业进行清单关联挂接。

2）成果输出：输出清单匹配完成截图，命名为"土建清单匹配"，见图 8-38。输出清单关联完成截图，命名为"钢筋清单关联"，见图 8-39。相关操作视频二维码见图 8-40、图 8-41。

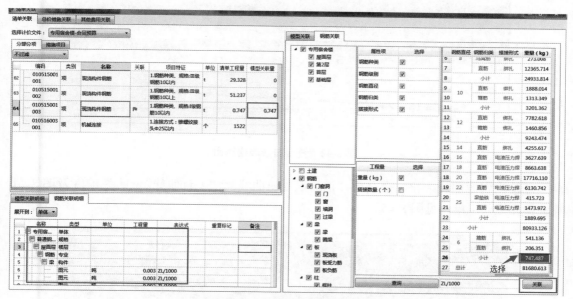

图 8-38 清单匹配完成截图输出

图 8-39 清单关联完成截图输出

图 8-40 清单匹配二维码

图 8-41 清单关联二维码

（2）资金资源曲线

1）任务目标

①基于专用宿舍楼案例，商务经理提取整个工期范围内的资金曲线，按周进行分析，导出 Excel 表格用于数据分析；

②商务经理提取该时间范围内的人工工日曲线和钢筋混凝土曲线，按周进行分析，导出 Excel 表格用于数据分析。

2）成果输出

①输出资金曲线表格，命名为"资金曲线"，见图 8-42；

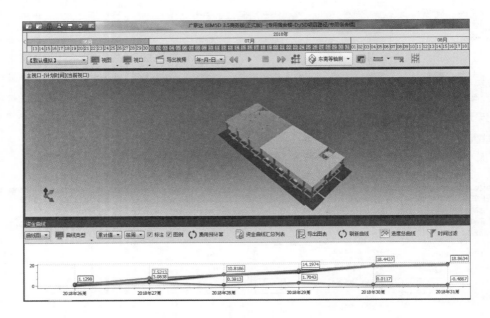

图 8-42　资金曲线表格输出

②输出资源曲线表格，命名为"钢筋混凝土曲线"、"工日曲线"，见图 8-43 及图 8-44。相关操作视频二维码见图 8-45。

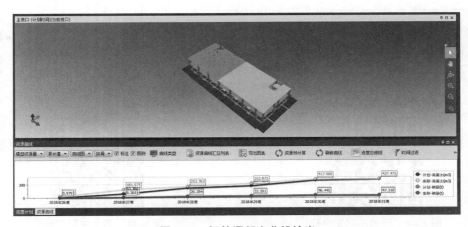

图 8-43　钢筋混凝土曲线输出

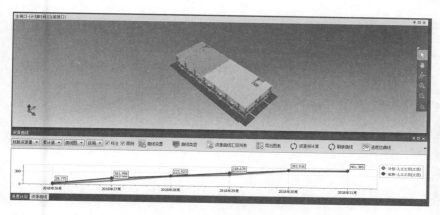

图 8-44　工日曲线输出

图 8-45　资金资源曲线
二维码

（3）进度报量

1）任务目标：基于专用宿舍楼案例，商务经理进行月度工程款提报。假定每月结算周期从本月 25 号到下月 25 号为一个月度周期，现需要将整个工期提取每月月度报量数据作为报量依据。

2）成果输出

①输出物资量对比表格，命名为"物资量对比"，见图 8-46；

材料	规格型号	工程量类型	单位	计划完工量	实际完工量	量差（实际-计划）
3 钢筋	普通钢筋-箍筋-HRB400-8	重量	kg	1582.004	0	-1582.004
4 钢筋	普通钢筋-箍筋-HPB300-6	重量	kg	122.408	0	-122.408
5 钢筋	普通钢筋-直筋-HRB400-16	重量	kg	2464.69	2233.616	-231.074
6 钢筋	普通钢筋-直筋-HRB400-22	重量	kg	2472.03	0	-2472.03
7 钢筋	普通钢筋-梁垫铁-HRB400-25	重量	kg	26.363	0	-26.363
8 钢筋	普通钢筋-直筋-HRB400-18	重量	kg	1906.602	0	-1906.602
9 钢筋	普通钢筋-直筋-HRB400-25	重量	kg	833.339	0	-833.339
10 钢筋	普通钢筋-箍筋-HRB400-10	重量	kg	1313.346	0	-1313.346
11 钢筋	普通钢筋-直筋-HRB400-12	重量	kg	1460.842	0	-1460.842
12 钢筋	普通钢筋-直筋-HRB400-14	重量	kg	3756.568	3748.981	-7.587
13 钢筋	普通钢筋-直筋-HRB400-10	重量	kg	412.03	412.03	0
14 钢筋	普通钢筋-直筋-HRB400-8	重量	kg	64.085	64.085	0
15 现浇混凝土	现浇碎石混凝土 粒径≤10 (32.5水泥)-C30	柱体积	m3	19.519	0	-19.519
16 现浇混凝土	现浇碎石混凝土 粒径≤10 (32.5水泥)-C30	独基体积	m3	238.375	238.375	0
17 现浇混凝土	现浇碎石混凝土 粒径≤10 (32.5水泥)-C30	梁体积	m3	47.987	0	-47.987
18 现浇混凝土	现浇碎石混凝土 粒径≤10 (32.5水泥)-C20	垫层体积	m3	46.395	46.395	0

图 8-46　物资量对比表格输出

②输出清单量统计对比表格，命名为"清单量统计对比"，见图 8-47；

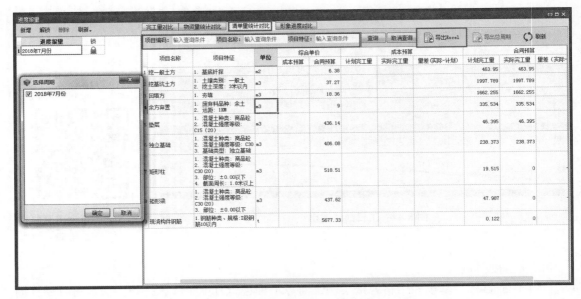

图 8-47　清单量统计对比表格输出

③输出高级工程量表格，命名为"进度报量"，见图 8-48。相关操作视频二维码见图 8-49。

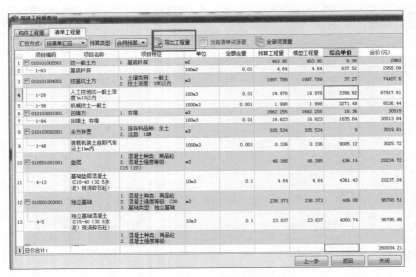

图 8-48　高级工程量表格输出

图 8-49　进度报量二维码

（4）变更管理

1）任务目标：基于专用宿舍楼案例，施工过程中遇到以下变更：项目首层柱混凝土强度不足，对项目质量造成隐患，现将混凝土强度由 C25 改为 C30，同时首层的 KZ1 箍筋直径变更为 10mm。作为商务经理，将变更信息录入 BIM5D 系统，并进行模型的变更替换。

2）成果输出

①输出钢筋变更记录图，命名为"钢筋变更 XX"；

②输出土建变更记录图，命名为"土建变更 XX"，如图 8-50 所示。相关操作视频二维码见图 8-51。

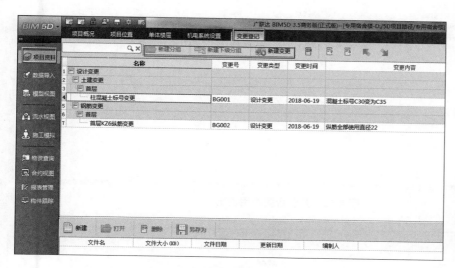

图 8-50　变更记录图输出

图 8-51　变更管理
二维码

（5）合约规划、三算对比

1）任务目标

①基于专用宿舍楼案例，作为商务经理，为了实现基于 BIM 技术对合约的规划及管理，在 BIM5D 软件合约视图中将合同预算进行划分，分别为劳务、物资采购两类分包，将预算人工归类至劳务分包单位，钢筋、砌块分别归类至物资采购单位，分别进行分包合同挂接。通过市场询价，对劳务分包及物资采购两类分包设置对外分包单价，查看各分包合同费用金额，进行费用分析，同时导出各分包合同费用表格及合约表格信息。

②项目经理要求商务部对项目整体经营情况进行对比分析，需要利用三算对比来分析项目的矩形梁和矩形柱清单项盈亏情况和材料节超情况。

2）成果输出

①输出合约规划中涉及分包的合同费用，命名为"分包合同费用"，见图 8-52；

②输出三算对比表格，命名为"三算对比—XX"，见图 8-53。相关操作视频二维码见图 8-54。

图 8-52　分包合同费用输出

图 8-53　三算对比表格输出

（6）成果总结：通过上述操作流程可以完成项目 BIM 商务应用的过程，提高使用 BIM5D 基于商务应用的能力；通过本案例工程能够利用 BIM 功能实现成本关联、资金资源曲线、进度报量、变更管理、合约规划、三算对比等商务应用，并与业务知识以及施工现场场景进行转化，实现业务知识与软件操作的双向提高。

图 8-54　合约规划及三算对比二维码

8.6.5　BIM5D 质安应用实训

（1）质安追踪

1）任务目标：基于专用宿舍楼案例，质安经理发现施工现场首层 1 轴和 A 轴相交处柱存在 2cm 偏移，同时发现脚手架杆件间距与剪刀撑的位置不符合规范的规定，利用 BIM5D 移动端和云端创建质量安全问题，发送整改通知单，并统计分析，进行问题整改、验收及复核。

2）成果输出

①输出编制的质量安全整改通知单，命名为"整改通知单"，见图 8-55；

②输出整改通知过程记录，以截图和文字形式，记录文档，命名为"质安追踪记录"，见图 8-56 和图 8-57。相关操作视频二维码见图 8-58。

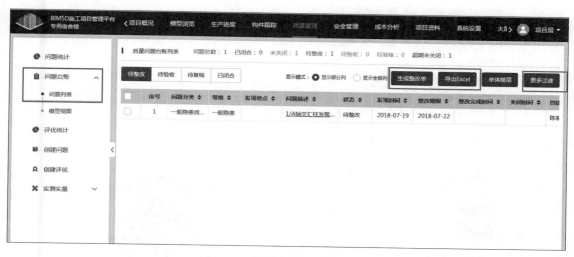

图 8-55　整改通知单输出

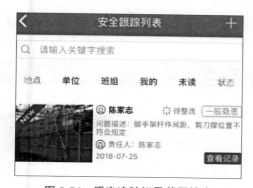

图 8-56　质安追踪记录截图输出

图 8-58　质安追踪二维码

检查人	陈家志	检查时间	2018-07-19
项目负责单位	中天建设集团	责任人	陈家志
受检单位			
受检情况及存在的隐患：			
1/A 轴交汇柱发现 2cm 偏移：			
上述问题，应立即整改，要求在整改期限内完成整改，并报造整改回得复，逾期或未达到整改要求，项目部将按照有关处罚措施处理			
整改期限	2018-07-22		
整改责任人	陈家志	安全员 / 责任人	
执行整改情况：			

图 8-57　质安追踪记录文字输出

（2）安全定点巡视

1）任务目标：基于专用宿舍楼案例，质安经理结合施工重点部位及安全因素考虑，设置项目安全定点巡检，并导出巡检记录做数据分析。

2）成果输出

①输出巡视点设置说明，命名为"巡视设置"，见图 8-59。相关操作视频二维码见图 8-60。

②输出巡视看板表格，命名为"巡视记录"，见图 8-61。

图 8-59　巡视设置输出

图 8-60　质安追踪及安全定点巡视
二维码

图 8-61　巡视记录输出

（3）成果总结：通过上述操作流程可以完成项目 BIM 质安应用的过程，提高使用

BIM5D 基于质安应用的能力；通过本案例工程能够利用 BIM 功能实现质量安全追踪、安全定点巡视等质安应用，并与业务知识以及施工现场场景进行转化，实现业务知识与软件操作的双向提高。

8.6.6 BIM5D 项目 BI 实训

（1）看板数据同步

1）任务目标：基于专用宿舍楼案例，通过 PC 端进行云数据同步上传，项目经理设定项目基础信息部分，技术经理设定模型信息、图纸信息及场地信息部分，生产经理设定进度信息部分，商务经理设定产值、成本、资金管理部分。各项目团队自行设定上述信息，根据需求选择进行同步。

2）成果输出：输出各模块输出截图，命名按照数据同步模块名称即可，如产值模块命名为"产值"，见图 8-62。相关操作视频二维码见图 8-63。

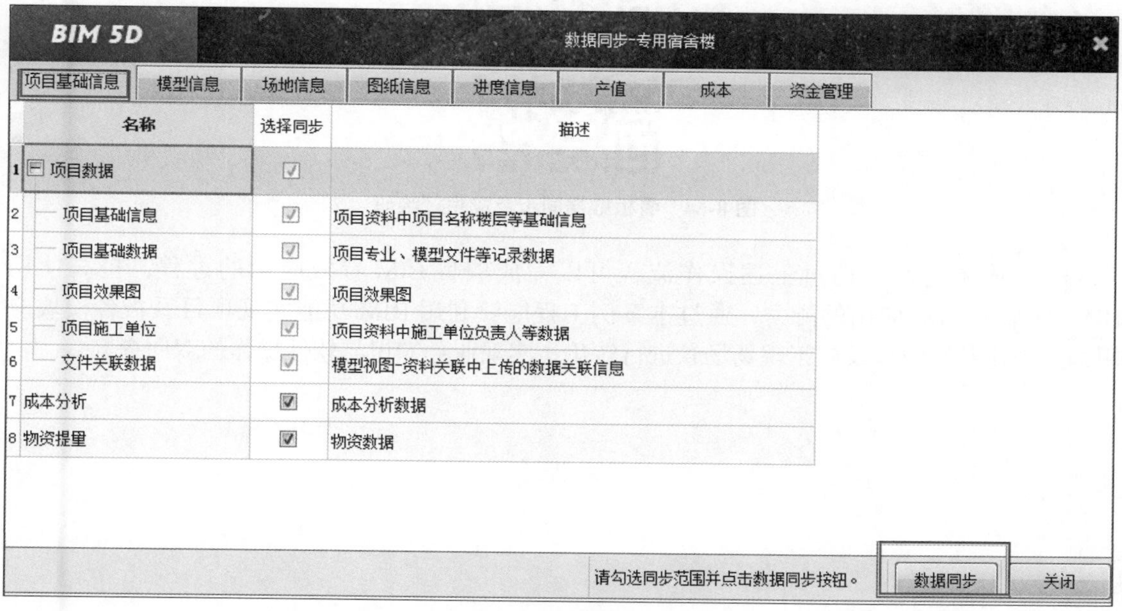

图 8-62 各模块输出截图输出

（2）看板应用

1）任务目标：基于专用宿舍楼案例，公司管理层通过项目看板浏览各模块信息，熟悉利用 WEB 端查看项目概括信息、浏览模型信息、监管生产进度情况、质安管理、构件跟踪以及成本分析等数据，项目团队结合各自项目情况，进行各模块的应用练习，自行设定各模块数据信息。

2）成果输出：输出各模块看板内容截图，命名按照模块名称即可，包括项目概括、模型浏览、生产进度、构件跟踪、质量管理、安全管理、成本分析、项目资料、系统设置、大屏显示等，见图 8-63。相关操作视频二维码见图 8-64。

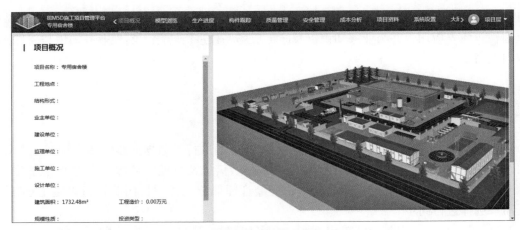

图 8-63　各模块看板内容截图输出

图 8-64　看板数据同步及应用二维码

（3）成果总结：通过上述操作流程可以完成项目 BIM 看板应用的过程，提高使用 BIM5D 基于 BIM 应用的能力；通过本案例工程能够利用 BIM 功能实现项目看板各模块应用，并与业务知识以及施工现场场景进行转化，实现业务知识与软件操作的双向提高。

第9章

工程竣工验收

工程竣工验收是整个工程建设项目的一个里程碑节点。它标志着投入的建设资金转化为使用价值，项目具备了投入运营的条件。

9.1　竣工验收的概念

竣工验收有以下概念。

（1）项目竣工。工程项目竣工指承建单位按照设计施工图纸和承包合同的规定，已经完成了工程项目承包合同规定的全部施工内容，达到建设单位的使用要求，标志着工程建设任务的全面完成。

（2）竣工验收。工程项目的竣工验收指承建单位将竣工项目及该项目有关的资料移交给建设单位，并接受由建设单位组织的对工程建设质量和技术资料的一系列检验工作及工程移交的过程。

（3）竣工验收的主体与客体。施工项目竣工验收的主体有交工主体和验收主体两方面，交工主体应是承包人，验收主体应是发包人，两者均是竣工验收行为的实施者。工程项目竣工验收的客体是设计文件规定、施工合同约定的特定工程对象，即工程项目本身。

（4）竣工验收的依据

①批准的设计文件、施工图纸及说明书；

②双方签订的施工合同；

③设备技术说明书；

④设计变更通知书；

⑤施工验收规范及质量验收标准等。

（5）竣工验收的作用。通过竣工验收，全面考察工程质量，保证交工项目符合设计、标准、规范等要求，使项目符合生产和使用要求；可以促进建设项目及时投产，对发挥投资效益和积累，总结投资经验非常重要；标志着施工项目经理部项目管理任务的完成；通过整理竣工验收档案资料，既能总结建设过程经验，又能为使用单位提供使用、维修和扩建的依据。

9.2 竣工验收的条件和标准

竣工验收的条件和标准如下。

（1）竣工验收应具备的条件

①设计文件和合同约定的各项施工内容已经施工完毕；

②有完整并经核定的工程竣工资料，符合验收规定；

③有勘察、设计、施工、监理等单位签署确认的工程质量合格文件；

④有工程使用的主要建筑材料、构配件和设备进场的证明及试验报告；

⑤有施工单位签署的工程质量保修书。

（2）竣工验收的标准

①合同约定的工程质量标准；

②单位工程质量竣工验收的合格标准；

③单项工程质量竣工验收的合格标准；

④建设项目质量竣工验收的合格标准。

9.3 竣工验收其他问题

9.3.1 竣工验收环节应注意的问题

①业主编制竣工验收工作计划，承包单位项目经理部落实竣工验收准备工作。

②承包单位内部组织自验收或初步验收，确认工程竣工验收各项条件。

③承包单位向监理工程师或业主提出工程竣工验收申请。

④监理工程师（或业主）预验和核查，签署认可意见后，向业主提交工程验收报告。

⑤业主组织勘察、设计、施工、监理等有关单位及质量监督部门进行竣工验收。

⑥通过汇报、审阅档案资料、实地查验，做出全面评价，形成工程竣工验收报告，签字并盖单位公章。

⑦承包人应在规定期限内，向业主办理工程移交手续。相关流程如图 9-1 所示。

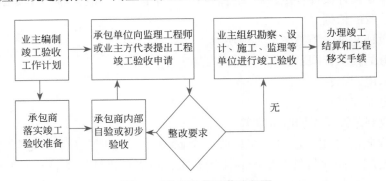

图 9-1 竣工验收环节流程图

9.3.2 竣工图

现在很多项目在原有资料的基础上，竣工资料提交环节增加了要求，要有电子文档，比如 BIM 模型（详见竣工 BIM 模型交付）。

编制竣工图的形式和深度，根据不同情况，区别对待：

①凡按图施工没有变动的，则由施工单位在原施工图上加盖"竣工图"标志后，即作为竣工图；

②凡在施工中，虽有一般性设计变更，但能将原施工图加以修改补充作为竣工图的；

③凡结构形式改变、工艺改变、平面布置改变、项目改变以及有其他重大改变，不宜再在原施工图上修改、补充者，应重新绘制改变后的竣工图。

9.3.3　工程竣工验收备案

建设单位自建设工程竣工验收合格之日起 15 日内，将建设工程竣工验收报告和规划、公安消防、环保等部门出具的认可文件，报建设行政主管部门或者其他相关部门备案。

9.3.4　竣工 BIM 模型交付

BIM 能将建筑物空间信息和设备参数信息有机地整合起来，从而为业主获取完整的建筑物全局信息提供途径。通过 BIM 与施工过程记录信息的关联，甚至能够实现包括隐蔽工程资料在内的竣工信息集成，不仅为后续的设施管理带来便利，并且可以在未来进行的翻新、改造、扩建过程中为业主及项目团队提供有效的历史信息。

但是，BIM 技术发展至今，国内对于 BIM 模型的管理文献非常有限。参考国外相关资料，竣工模型（As-BuiltModel）定义为下述三点：

（1）竣工（包含建筑、结构、机电）模型皆为参考施工模型，在施工阶段将竣工履历模型建置完成。

（2）当建筑物完成后，顾问应根据承包商的信息检查其详细设计，而承包商负责所有建筑、结构、机电合并的竣工模型，及附加建置所需的文件信息说明，以符合最终施工实际状况。

（3）最终输出的竣工模型可用于空间管理，并借由设施管理及人员使用期间，建置维护和修改。

业主要求竣工模型的，应该按要求将施工 BIM 定案模型完善为竣工 BIM 模型，并经审查合格。主要交付项目内容应包括竣工 BIM 模型、BIM 成果报告书、建筑维修管理应用手册，其所包含的详细内容为以下三点：

（1）竣工 BIM 模型　包含建筑、结构、MEP 竣工 BIM 模型，包含分专业及套迭整合模型。

（2）BIM 成果报告书　包含工程竣工阶段 BIM 自主检核成果报告书，建筑、结构、MEP 竣工图说检核表报告书。

（3）建筑维修管理应用手册包含住宅建筑工程 BIM 设计管理准则、住宅建筑工程 BIM 施工管理准则、住宅建筑工程 BIM 使用维护计划报告书等。

第10章

运维管理

10.1 设施管理的基本概念

（1）设施管理产生的背景。在20世纪70年代能源危机背景下，由于全球化竞争加剧、IT技术发展、办公空间成本增加、员工办公环境的改善期望的提高，设施管理学科便应运而生。1979年，密歇根州设施管理协会成立；1981年，更名为国际设施管理协会（IFMA，International Facility Management Association），奠定了设施管理的基础。

1984年开始，Eure FM network 首先将FM传入到欧洲。欧洲FM的发展因国家文化、语言、法律和市场结构的不同，FM模式各有特色和侧重点。英国、荷兰、德国、法国、意大利等20多个国家都有自己的设施管理协会/学会，还在大学里建立FM专业、FM研究中心和FM学院。

其他发达国家如日本、澳大利亚，包括新兴发展中国家韩国、巴西等也都先后发起成立了国家级的设施管理组织。澳大利亚政府还提出了设施管理行动议程（Facility Management Action Agenda）。

此外，国际标准组织（ISO）、欧洲标准协会（ESI）和一些国际化FM专业协会编制了一系列FM标准和指南。

（2）设施管理的发展。我国FM最早开始于20世纪90年代，设施管理有三股推动力量：

①电子、信息和银行业等外资企业如摩托罗拉、INTEL、GE等的示范引领作用，国际知名设施管理咨询和供应商（如强生自控、仲量联行、高纬环球等）的积极推动，带动了我国内地一批大型民营企业，如华为、联想、腾讯等的设施管理实践业务开展；

②国际、地区设施管理及其相关组织举办专题研讨、经验交流和培训，传播了设施管理的理念和方法；

③高等院校等社会机构对FM开展研究、培训、人才培养，为设施管理专业发展提供了有力的支持，输送了一批合格的新生力量。

（3）设施管理的定义。设施是组织所拥有的一种重要资源，是保证生产、生活和运作过程得以进行的必备条件，它包括基础设施、空间、环境、信息以及支持性服务。

国际设施管理协会（International Facility Management Association，IFMA）认为，设施管理是包含多种学科的专业，它通过人员、空间、过程和技术的集成来确保建成的建筑环境功能的实现。

英国设施管理协会（Britain Institute of Facility Management，BIFM）（采纳由欧洲标准化委员会提出、并由英国标准学会批准的定义）认为，设施管理是在组织中对约定的服务进行维护和发展的过程的集成，能够支持并促进组织的基本活动的效益。设施管理在建筑环境及其对人员、工作场所影响的管理中包含多学科的活动。

（4）设施管理的特征

①对象：适用于各类生产、生活和经营组织的设施；

②目标：通常是非营利性的，大多是从设施拥有主体和最终客户的角度出发，发挥载体作用，支持组织战略层面主营业务的目标；

③范围：覆盖了组织除核心业务之外的硬性和软性服务，支持核心业务的运行，它通常包括组织战略层、经营和作业层三个不同层面；

④组织：由组织内部设施经理负责、专业设施管理部门或团队实施承担，也可将部分设施管理业务外包给专业设施服务外包商，或组成共同参与的管理团队一起实施；

⑤周期：涉及设施规划、设计、施工和运行阶段的全生命周期。

10.2　设施管理的发展

设施管理是将物质的工作场所与人和机构的工作任务结合起来，综合了工商管理、建筑、行为科学和工程技术的基本原理。设施管理真正得到世界认同只是近几年的事。

当设施设备发生异常时，解决的方法不外乎就是修复或更新，故设施设备修缮是必然的过程。在修复的部分，在传统纸本上设施设备的报修，需透过一连串的动作来达到通报的动作，管理单位才能接收到报修需求的申请，接收到申请的后还需要进行多方面的联系才能做设施设备修缮的动作。

而近几年报修动作有一些转变，虽然是透过信息科技做通报动作，但是在管理单位的系统上，通报、管理及设施数据隶属于三个不同的个体系统。一连串的动作下来，往往就会让设施设备的修缮时间拉长，最后还是让使用者感到不便。而近几年 BIM 的兴起，由于 BIM 具有 3D 接口操作功能及丰富的设施设备维护数据，借由 BIM 在设施设备管理维护上的运用，势必能够帮助管理单位提升作业的效率。

妥善的建筑物设施维护管理对建筑物的延寿具有非常重要的作用，建筑物及其设备因为经年累月将产生种种劣化现象，长久下来劣化状况只会越来越多，这样的结果会导致建筑物机能与资产价值的降低，而如果没有及时进行修补或整建，将可能产生更大的问题。为了长期维持、确保建筑物原本的机能与价值，让已劣化部分的机能，重新回到可用、正常的状态。

在设施维护管理中加入 BIM，会使得设施维护管理的效率更加提升，BIM 除了能提供 3D 可视化管理外，它能提供决策者更准确的信息并且使用更具有效率。BIM 伴随大量的信息，协助建筑工程、建筑管理维护，会更加地蓬勃发展。

10.3　设施管理中 BIM 的应用

建筑业主和设施经理都已发现建筑信息建模（BIM）是信息丰富的数据库，可为空间和设备资产提供有价值的详细信息。如果使用得当，这些数据可使建筑全生命周期的运营和维护改善效能，节省时间、工时和金钱。它还能为未来建筑改造提供信息。比如，BIM 可以包含灯具制造商提供的一切信息，包括能耗指标、维护说明。

竣工阶段模型资料，内容包括 BIM 组件详细度与细部设计模型相同，再依照实际完成状况更新模型。BIM 应用应当交付的内容包括分专业之竣工模型和使用执照。

应用 BIM 的目的在于，该模型需能确实反应建筑、结构及 MEP 在施工时的修正及完成的状况，并且经工程司审查；建筑师审查竣工模型，送审取得使用执照；在 BIM 模型中加入竣工状态及主要系统和设备的信息，以供设施管理使用。

设施管理阶段，内容包括 BIM 组件依实际完成的对象或系统建置，与实际完成的相同。BIM 应用应当交付的内容包含符合空间配置的最终竣工模型，并且纳入业主迁入或设施管理人做得变更修正。

图 5-13　墙体创建视频　　　图 5-15　女儿墙创建视频　　　图 5-17　圈梁创建视频

图 5-19　门创建视频　　　图 5-21　窗创建视频　　　图 5-23　洞口创建视频

图 5-25　过梁创建视频　　　图 5-27　台阶创建视频　　　图 5-29　散水创建视频

图 5-31　坡道创建视频　　　图 5-33　空调板创建视频　　　图 6-93　结构 BIM 正向设计视频

图 7-1　工程量计算书输出

图 7-2　工程量清单报表及招标
控制价文件输出

图 7-3　分部分项工程相关财务
数据确定

图 7-5　施工进度计划编制

图 7-8　施工现场平面图编制

图 8-4　项目准备

图 8-6　模型集成

图 8-10　技术交底

图 8-12　路径合理性检查

图 8-14　专项方案查询

图 8-16　砌体排砖

图 8-19　资料管理

图 8-21　工艺库管理

图 8-24　流水段管理

图 8-26　进度管理

图 8-28　施工模拟

图 8-31　工况模拟

图 8-33　进度对比

图 8-37　物资提量及物料跟踪

图 8-40　清单匹配

图 8-41　清单关联

图 8-45　资金资源曲线

图 8-49　进度报量

图 8-51　变更管理

图 8-54　合约规划及三算对比

图 8-58　质安追踪

图 8-60　质安追踪及安全
定点巡视

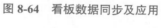

图 8-64　看板数据同步及应用

参考文献

［1］ 朱溢镕，黄丽华，赵冬. BIM 算量一图一练. 北京：化学工业出版社，2018.
［2］ 朱溢镕，焦明明. BIM 建模基础与应用. 北京：化学工业出版社，2018.